U0190979

信息技术科普丛书

INTERNET APOCALYPSE

How the Internet Changes the World

互联网启示录

互联网如何改变世界

李志民 ◎著

机械工业出版社

CHINA MACHINE PRESS

图书在版编目（CIP）数据

互联网启示录：互联网如何改变世界 / 李志民著 . —北京：机械工业出版社，2024.6

（信息技术科普丛书）

ISBN 978-7-111-75770-2

Ⅰ. ①互… Ⅱ. ①李… Ⅲ. ①互联网络 Ⅳ. ① TP393.4

中国国家版本馆 CIP 数据核字（2024）第 092533 号

机械工业出版社（北京市百万庄大街 22 号 邮政编码 100037）
策划编辑：孙海亮 责任编辑：孙海亮 董一波
责任校对：肖 琳 陈 越 责任印制：李 昂
河北宝昌佳彩印刷有限公司印刷
2024 年 6 月第 1 版第 1 次印刷
147mm×210mm·8.25 印张·3 插页·182 千字
标准书号：ISBN 978-7-111-75770-2
定价：99.00 元

电话服务 网络服务

客服电话：010-88361066 机 工 官 网：www.cmpbook.com

010-88379833 机 工 官 博：weibo.com/cmp1952

010-68326294 金 书 网：www.golden-book.com

封底无防伪标均为盗版 机工教育服务网：www.cmpedu.com

互联网是 20 世纪最伟大的发明，它彻底颠覆了传统的"中央复杂，末端简单"的信息传播特点，解决了信息"发行"的瓶颈，正在推动人类文明迈上新的台阶。

人类先后经历了语言的使用和发展，文字、造纸和印刷术的发明，电报、电话、广播、电视等的发明和普及，互联网的发明和普及这四次大的信息技术革命。互联网的产生和普及对世界产生了深远影响，改变了人们的生活方式、经济模式、文化交流方式和社会结构，让信息的传播变得更加迅速。互联网为人们提供了前所未有的便利和机会，也在一定程度上推动了人类社会的全球化发展。

我们应该庆幸自己身处这样一个伟大的时代。继农业文明时代和工业文明时代之后，人类已经开启了信息文明时代。农业文明时代和工业文明时代主要是提高物质生产和交流的效率，信息文明时代主要是提高知识生产和交流的效率。

通过互联网，人们可以随时随地获取各种信息，包括新闻、娱乐、教育、医疗等各个领域的信息。互联网也为人们提供了便捷的购物渠道，如今网购已成为一种普遍的消费方式。此外，互联网还带来了社交媒体的兴起，促进了人们之间的交流和数字社交活动。

如果说农业革命解决了人类的生存和温饱问题，工业革命提高了人类物质生活的品质，那么信息革命将以提高人类精神生活的品质为目标。在人类所有的发明中，互联网对人类的影响远超其他。它不仅改变了信息传递的手段，还正在改变我们的消费模式和生产模式，影响人类的思维和情感沟通，塑造新型的合作共享精神，未来甚至可能颠覆人类智慧积淀与生命延续的模式。

虽然网络世界并非净土，虚拟空间里有"病毒"和欺诈，全球范围内还有网络霸权，但这些丑恶现象本质上源于少数人的恶，并非互联网工具的坏。今天，我们站在人类文明变革的转折点上俯瞰以互联网为代表的信息革命对人类文明的影响，无论给予它多高的评价都不过分。

我们应该骄傲自己正在从事一项伟大的事业。互联网不仅正在推动物质生产、贸易流通、信息传播更加高效，还正在影响人类教育和文化等各项事业。教育和科研是推动人类文明传承与发展的重要力量，传统的教学和科研因与信息技术的深度融合而正在发生颠覆性变革，进而影响人类文明发展的进程。

通过互联网，人们可以轻松地分享照片、视频、声音和文字，获取全球各地的文化作品和信息。这促进了各国文化的交流和融合，扩大了人们的视野和认知。互联网也为个人创作者提供了展示和传播自己作品的平台，让更多人有机会被发现、被赞赏。

受益于互联网带来的这次文明大变革，资源互通时代已经来临，知识共享时代必然到来。教育将进入师生互补的时代，学术将迎来开放存取的时代。我们无法忽视互联网在全球范围内对文化、文明产生的革命性影响。以互联网为基础的技术进步推动了传统教育理念、模式与方法的变革，推动了学习方式和形态的转变，也推动了科学研究范式、学术交流渠道、科技评估方式和科研管理模式的变革，还推动了文化艺术的进一步繁荣。

不管我们是否愿意承认，大学校园正在发生变化，学术交流方式正在发生变革，红极一时的学术期刊也正在发生变化。几乎所有大学的教学过程都要依赖信息技术，大学中的方方面面都将被技术驱动，大学的围墙将不复存在。大学将成为多数人的必需品，大学的教育资源、科研信息和学术资源也不再遥不可及，曾经的高雅艺术也从殿堂走入互联网云端。

我们还应该憧憬人类文明更加辉煌。互联网将会改变社会结构，数字时代的元宇宙成为可能。通过互联网这个交互平台，人们可以在数字空间互动和协同，进而形成一个全球性的思想共享网络。这个网络能够促进人们基于共同利益进行交流和合作，也为社会活动和公益事业提供更广阔的平台。

虽然互联网为人们提供了前所未有的便利和机会，但是也带来了一定的问题和挑战。在互联网时代，人们不仅要充分利用互联网的优势，还要持续关注和积极应对互联网带来的相关问题，推动互联网更好地造福人类。

如果说我们的上一代是"数字难民"，我们这一代是"数字移民"，那么现在的学生已是正宗的"数字原住民"。我们认为通过书本来学习效率会更高，但他们习惯于对着各种屏幕学习。互联网是自由的，是开放的，是平等的，是个性的，是交互与合作的。我们应该相信，"合作共赢，共建共享"的伟大互联网精神正融入人类不断进化的基因，成为推动人类文明迈向下一个辉煌的不竭动力。

因此，在今天这个文明发展与转折时期，我们即使不能引领人类文明发展的步伐，也应该紧跟它的节奏。

和周围的朋友一样，我也努力跟上这个时代，同时尝试着将日常工作中关于互联网发展、技术影响和推动人类文明进步等的种种感悟记录下来，我相信，这些文字可以从另一个角度帮助大家认识这个伟大的时代，也可能激发大家智慧的光芒。

与大家共勉。

李志民

目录

1

什么是互联网

近代自然科学的探索和研究在几百年前就开始了，但是在20世纪90年代，科学技术的发展似乎进入了前所未有的快车道，这一时期的发明和发现使得人类认识、研究自然界的深度和广度大幅度增加，人类利用自然物质提高生产能力、改善生活品质的效率也大幅度提升。我们今天生活的方方面面，都或多或少地受到了这些发明和发现的影响。

第1节 20世纪90年代的重大科技成就——互联网

互联网研发始于1969年的美国，短短的几十年时间里，互联网已经在全球范围内形成了一张四通八达的、信息高速传递的巨型网络，覆盖了各行各业，走进了千家万户。互联网影响着人类的发展，创造了一个个崭新的领域，影响着世界的格局，正在促进人类文明迈上新台阶。

目前，全世界有约53亿人使用互联网。随着移动互联网技术的发展，计算技术不断嵌入各个终端设备中并出现了物联网、大数据、云计算等，一切事物都将互联。互联网用户数据量还在持续膨胀，互联网普及率还在升高。互联网最终会像电和水一样成为人们生活的必需品，并将全方位地改变人类的生产和生活方式。

互联网改变了人类获取信息的方式，让信息更加透明，传递更加快速与方便。每一个网民都拥有获取与传递信息的权利，博客、微博、微信成为人们行使话语权的平台，满足人们参与和表达的愿望。互联网促进了舆论的监督，促使政府信息公开化，同时也拓宽了人们参政议政的渠道，提高了公民的参政能力。国家的大事小情，都会在互联网上传播，如房价是否变化、交通是否拥堵等，这将改变传统新闻媒体垄断信息的局面。人们可以通过互联网知晓事件、讨论事件，政府可以通过互联网听取民意、民心。互联网就像一座四通八达的社情民意桥梁。互联网的发展有利于构建和谐社会。[⊖]

　　2014 年 9 月，阿里巴巴在纽约证券交易所挂牌上市，成为当时全球最大规模的 IPO（首次公开募股）。每年"双 11"购物节，网上购物都会带来巨大销售额，这意味着以互联网为基础的电子商务正蚕食传统消费模式的市场份额。互联网将颠覆传统的产业形态，形成新的产业格局。同时，互联网会成为新经济的发展引擎，并且已经影响到人们的衣食住行：网购、App 点餐、App 打车等都已经成为人们日常生活的一部分，这些信息时代下的产物都是互联网经济飞速发展的最好证明。"互联网创业""互联网 +""互联网思维"等成为最热门的词汇，未来，互联网奇迹会持续发生，更多更强的互联网公司将不断涌现，新生的互联网产业为全球经济的持续增长不断贡献力量。

　　互联网在影响政治、经济的同时，也影响着社会文化。互联网将全世界联为一体，人们足不出户就可以了解和体验各国文化，曾经我们在电视机前的选择很有限，现在我们可以用电脑（即计算机）看到各国新闻，美剧、英剧、日剧、韩剧等外国剧作传播着异国的文化，这对本土文化造成了很大的冲击。互联网的发展还催生了一种新的文化——网络文化，它是伴随互联网的产生和普及兴起的新事物，互联网是这种文化的表现、传播的载体

　　⊖　参见李志民撰写的《不存在互联网思维》，发表于 2017 年的《中国教育网络》。

和工具。最近，语言文字期刊《咬文嚼字》评选出了"2023年度十大网络流行语"："新质生产力""双向奔赴""人工智能大模型""村超""特种兵式旅游""显眼包""搭子""多巴胺××""情绪价值""质疑××，理解××，成为××"。这十个网络流行语，涵盖了2023年国家政策和社会热点，体现了网络文化在人们生活中的作用，彰显着属于这个时代的印记。

互联网渗透到每个人生活中的同时，也为人们带来了安全隐患。如何保证互联网信息的保密性、完整性、可用性、真实性和可控性是互联网发展中必须解决的重大问题。虚假信息、无价值的信息同样在互联网中大肆传播，直接影响着每个互联网用户认知的形成。网络谩骂、"人肉"搜索、互联网诈骗等事件也促使我们注意网络安全，并将信息传播用在积极的方面。互联网安全往小说与个人的人身财产安全相关，往大说与国家安全相关，所以保证互联网安全和维护互联网主权至关重要。

科学技术是推动人类发展的动力。互联网作为支撑世界的新型重要基础设施，将极大地推动人类文明的进一步发展。

第2节　人类历史上的四次信息技术革命

物质、能量和信息是构成自然界和人类社会的三大基本要素。信息交流自人类社会产生以来就存在，并随着科学技术的进步而不断变革和提高效率。信息技术的出现和进一步发展导致人类的生产和生活发生巨大变化。从古到今，人类共经历了以下四次信息技术革命。

从语言的使用发展到文字的创造。 语言的产生是人类历史上最伟大的信息革命，语言是人类进行信息交流活动的首要条件。文字的创造在人类文明史上同样非常重要，它将人们的思维、语言、经验以及社会现象记录下来，使文化得以传播、传承。语言和文字的诞生堪称人类历史上第一次信息技术革命。

造纸术和印刷术的发明。第二次信息技术革命是造纸术和印刷术的发明。造纸术的发明和推广，对于世界科学、文化的传播和发展产生重大而深刻的影响，对于社会的进步和发展起着重大的作用。印刷术为知识的广泛传播、交流创造了条件，是人类近代文明的先导。

电报、电话、广播、电视的发明和普及。第三次信息技术革命是在电磁学理论基础上产生的，是以电信传播技术的发明为标志的。我们今天能够方便地使用电话与远方的亲友联系，仰赖的就是电信传播技术。广播和电视的发明把信息传播主要依赖的纸质媒体发行量问题变成了收听率和收视率问题，并逐步形成了传统媒体信息传播具有的"中央复杂，末端简单"的基本特点。

互联网的发明和普及应用。第四次信息技术革命是在计算机发明和计算机联网的基础上，实现的互联网的发明和普及应用。人类交换信息不仅不再受时间和空间的限制，彻底颠覆了"中央复杂，末端简单"的信息传播特点，还可利用互联网收集、加工、存储、处理、控制信息。可以说，计算机的发明是人类智力的延伸，互联网的发明是人类智慧的延伸。[○]

互联网引发了信息技术前所未有的变革，是人类改造自然过程中的一次新的飞跃，必将推动人类文明迈上新台阶。

○ 参见李志民撰写的《ChatGPT本质分析及其对教育的影响》，发表于2023年的《中国教育信息化》第29（03）期。

互联网诞生于 1969 年，至今已有 50 多年。互联网在最初的 20 年只服务于特定的人群，并没有在社会上广泛应用。20 世纪 90 年代，英国人在美国因特网的基础上发明了万维网（World Wide Web）后，人们上网不再需要专门的知识，不用接受专门的培训，而且不用新增付费，全世界有条件的人都可以很方便地通过万维网获得想要的信息，这成就了今天的互联网。[○]互联网的出现是人类发展史上的一个里程碑，信息时代从此拉开大幕。它极大地改变了人类世界的空间轴、时间轴和思想维度，大大加速了地球文明的进程。

当"什么是互联网"这个问题放到每个人眼前时，1000 个人或许会有 1000 个答案，因为每个人对它的理解不同。从科普的角度说，要对互联网进行通俗化解读，不妨将它拆成"互""联""网"这三个字，这样更能获得共识。大家都知道互联网是一张网，不同的人会有不同的理解，关键是对突出"联"还是突出"互"的理解不同。

第 3 节　老百姓眼中的互联网

小时候，互联网像"乌龟"，你拨号很久，它慢得出奇；再后来，互联网像"蜘蛛"，缩减了时空的距离；长大了，互联网像"空气"，它无处不在，如影随形。再往后，互联网可能成为身体的一部分，无时无刻，永不分离。

上面是笔者从普通老百姓的视角对互联网的概括，基本上涵

○　参见李志民撰写的《互联网推动教育数字化转型的机遇与挑战》，发表于 2022 年的《佛山科学技术学院学报（社会科学版）》第 40（06）期。

盖了中国互联网发展的几个阶段，从拨号龟速上网到无处不在，这个过程只用了 22 年，这属于互联网"联"的部分。老百姓说的"中国的新四大发明"包括高铁、扫码支付、共享单车和网购，其中后三项都是由互联网衍生出来的，而高铁离开了由互联网支持的信息系统显然也是不可运行的，这些其实体现的都是互联网"互"的部分。

对于我国来说，1994 年 4 月 20 日是一个历史性的时刻，在国家的支持下，经过科研工作者的艰辛努力，连接着数百台主机的中关村地区教育与科研示范网络工程，成功实现了与国际互联网的全功能链接。⊖随后，首个全国性 TCP/IP（传输控制协议 / 互联网协议）互联网——中国教育和科研计算机网（CERNET）示范工程开始建设，中国的互联网时代从此开启。

当然，已经适应碎片化信息的中国老百姓很少会关心离自己那么遥远的事情，在他们眼中，互联网本身已经非常具象了。

1. 互联网是门户网站

1995 年，中国第一家互联网公司"瀛海威"成立，它的广告语至今让人津津乐道：**中国人离信息高速公路有多远——向北 1500 米**。可惜当时并没有太多人有能力或者有兴趣找到它，可能很多人只是在多年后的回忆文章中会提到"瀛海威"这个名字。

互联网真正进入大众视野的时间是 CNNIC（中国互联网络信息中心）成立的 1997 年，这一年被公认为中国互联网元年。中国早期最知名、最具代表性的三家互联网公司都在这一年"呱呱

⊖　参见中国互联网协会撰写的《回眸历史　迈向未来：纪念中国全功能接入国际互联网 20 周年》，发表于 2014 年的《互联网天地》第 4 期。

落地"了，它们是搜狐、网易、四通利方（新浪前身），也被称为中国互联网的前"三巨头"，从此门户网站时代开启。

电子邮件是门户网站的标配，于是门户网站成了那个时候互联网的代名词，而注册了邮箱有了自己"@"标识的那一代中国人极有优越感，这也是中国人拥有虚拟身份和网络社交的开端。

2. 互联网是应用工具

1997 年前后，全世界都被互联网概念弄得神魂颠倒。当时，做一个门户网站或者更细分的网站，就可以融资圈钱了，但隐藏在经济危机背后的幽灵——泡沫也随之出现了。

前"三巨头"（网易、新浪、搜狐）成立公司的时候恰恰赶上了互联网经济的癫狂时刻，纳斯达克指数在 2000 年 3 月站上了 5132.52 点的顶峰，比一年前翻了一番还多。网易、新浪、搜狐不失时机地于 2000 年先后在美国纳斯达克上市。但命运和它们开了一个巨大的玩笑，几乎就在它们上市的同时，互联网泡沫破掉了。前"三巨头"从此衰落，与之相伴的是门户网站时代的凋零和落幕。垂直领域网站也曾经盛极一时，但也是昙花一现。之后以阿里巴巴、腾讯、百度为首的中国互联网后"三巨头"崛起，这也开启了中国互联网的"工具时代"。

腾讯 QQ 是即时通信工具，百度是搜索工具，阿里巴巴是购物工具（电商平台），直到现在它们依然无可替代，当然诸如资讯、社交、音乐等各种平台工具也如雨后春笋般不断诞生。

3. 互联网是手机上的应用

20 年前，你登上长途火车、汽车的时候，人人都会拿着一份报纸或者杂志；现在你无论在哪里，满眼尽是"低头族"，聊微信，刷微博，玩游戏……

2010 年前后，带有垄断性质的后"三巨头"开始焦虑起来，随着智能手机的日渐普及和 3G 时代的到来，已经饱和的 PC（个人计算机）互联网流量盘增速放缓，继而严重收缩，移动互联网时代到来了。

随着 5G、宽带、WiFi 等各种"联"的成本的降低，人们开始贪恋手机上的一个个应用程序，手机的体积巧妙地契合了碎片化的需求。腾讯研发的微信再次占领了即时通信的高地，使用人数甚至超过了 10 亿。百度、阿里巴巴也在移动互联网上积极布局。

与此同时，新的力量也不断涌现，例如京东、拼多多、抖音、快手，还有各种打车、旅行购票、开车导航等垂类应用。它们能够发展起来，很大程度上得益于移动互联网的成熟，即"互"得益于"联"。

第 4 节 电信人眼中的互联网

电信人关注的是通信技术的更新换代，因而他们眼中的互联网以通信技术为主，也就是我们常说的 1G、2G、3G、4G 以及 5G。G 指的是 Generation，翻译过来就是"代"的意思。所以 1G 就是第一代移动通信系统的意思，2G、3G、4G、5G 就分别指第二代、三代、四代、五代移动通信系统。1G ～ 5G 的区别主要体现在传输速率、业务类型、传输时延、实现技术的不同。

1. 仅能通话的 1G

1G 就是所谓的大哥大时代。那时的手机只能打电话，不能上网。1G 采用的是以模拟技术为基础的蜂窝无线电话系统。设计上因为使用模拟调制、FDMA（频分多址），那时的网络抗干扰性差，频率复用度和系统容量都比较低。

2. 能发短信的 2G

由于 1G 有很多缺陷，例如经常出现串号、盗号等现象，1999 年 A 网和 B 网的关闭，这标志着 1G 彻底落幕。相比较 1G，2G 在技术上更成熟，系统容量以及通话质量都有了极大提升。通过 2G 不仅能打电话还能发短信、上网，当然那个时代的上网速度很慢。

可以说进入 2G，移动通信才与计算机网络有了联结。2001 年 11 月 10 日，中国移动通信的"移动梦网"正式开通，当时官方宣传称手机用户可通过"移动梦网"享受移动游戏、信息点播、掌上理财、旅行服务、移动办公等服务。虽然在 2G 时代这种服务非常原始，但这标志着中国移动互联网的开端。当然，也有人认为这是电信业自掘坟墓的开始，因为它们重点发展的网络吞噬掉了自己原有的优势业务份额。

3. 可以上互联网的 3G

如果说 1G、2G 的手机主要目标是通信，那 3G 时代的手机的重心开始向上网转变。三网（电信通信网、有线电视网和计算机互联网）融合互通的呼声随之而来，虽然至今还没有实现三网融合，但电信通信网与计算机互联网在技术升级的帮助下实现了融合。

3G 基于新的频谱制定出新的标准，让广大用户可以享用更高的数据传输速率。在 3G 之下，有了高频宽和稳定的传输，影像电话出现，大量数据的传送更为普遍，移动应用更加多样化，因此 3G 被视为开启移动通信新纪元的关键。

4. 进入互联网络的 4G

2013 年 12 月 4 日，中华人民共和国工业和信息化部正式为中国的三大移动通信运营商（中国移动、中国联通、中国电信）颁发了 TD-LTE（长期演进）制式的 4G 牌照，这标志着中国电子通信行业正式进入 4G 时代。4G 集 3G 与 WLAN 于一体，能够传输高质量视频和图像，其图像传输质量与高清电视不相上下。在理论上 4G 能够以 100Mbit/s 的速度进行下载，比拨号上网快 2000 倍，上传的速度也能达到 20Mbit/s。⊖

5. 融合高速互联的 5G

5G 可以实现高速移动互联，是多种新型无线接入技术和现有 4G 后向演进技术集成后的解决方案总称。从某种程度上讲，5G 是真正意义上的融合网络，其传输速率可以达到 10Gbit/s。

在容量方面 5G 是 4G 的 1000 倍；与 4G 相比，在传输速率方面，5G 典型用户数据传输速率提升 10 到 100 倍，峰值传输速率可达 10Gbit/s（4G 为 100Mbit/s），端到端时延缩短 80%；在可接入性方面，5G 与 4G 相比，可联网设备的数量增加 10 到 100 倍；在可靠性方面，5G 与 4G 相比，低功率 MMC（机器型设备）的电池续航时间增加 10 倍。

电信人是从以上"联"的角度理解互联网的。电信行业把原

⊖　参见东南大学范世君的工程硕士学位论文《无线协作微云负载转移和多工作流任务调度算法研究》。

来以"话务"为主的通信技术转变为数字通信技术，因此搭上了计算机互联网这趟列车。

第5节　计算机专家眼中的互联网

在富含深刻哲学思想的著名科幻影片《黑客帝国》的海报中，尼奥身后的 Matrix（母体）生成的代码流只有极少数墨菲斯舰船上的观察员才能看懂。这些观察员有点像我们现实世界中的优秀程序员，透过二进制的字符组合，就能轻易看出程序的问题以及改进的路径。而我们现在要说的专家，类似于《黑客帝国》中"造物主"角色，他们创造并拟定系统的运行规则，是网络矩阵最底层逻辑的标准的发起者。

在计算机专家眼中，互联网本质上是各个小的计算机网络在一定规则下的互联。互联网是网络空间最重要的基础设施，靠遍布全球的光纤通达各个国家，连接不同城市。互联网体系结构是互联网的核心技术，它和 CPU（中央处理器）、操作系统一样也是基础设施之一，是涉及国家网络安全命脉的核心技术。

互联网体系结构是分层的，中间是网络层，向上支撑着五花八门的应用（应用层），向下则连接各种各样的通信手段（通信层）。互联网的核心是中间的网络层，这一层保证全网的通达，承上启下，是体系结构的核心。其中有三个要素非常重要：一是传输格式，这是网络层最基本的要素，IPv4（互联网通信协议第四版）定义了当前主流的互联网传输格式，而 IPv6（互联网通信协议第六版）则定义了新的传输格式；二是转换方式，转换方式几十年来始终保持不变；三是路由控制，这是互联网的一个巨大创新点，目前也是我国互联网面临的重大挑战。

IPv4 是第一个被广泛使用，构成现在互联网技术的基础协议。IPv4 可以运行在各种各样的底层网络上，比如端对端的串行数据链路、卫星链路等。它的下一个版本就是 IPv6。IPv6 正处在不断发展和完善的过程中，它在不久的将来将取代目前被广泛使用的 IPv4。

与 IPv4 相比，IPv6 具有以下几个优势：

（1）IPv6 具有更大的地址空间。IPv4 中规定 IP 地址长度为 32 位，即有 $2^{32}-1$ 个地址；而 IPv6 中 IP 地址的长度为 128 位，即有 $2^{128}-1$ 个地址。

（2）IPv6 使用更小的路由表。IPv6 的地址分配一开始就遵循聚类（Aggregation）的原则，这使得路由器能在路由表中用一条记录（Entry）表示一片子网，大大减小了路由器中路由表的长度，提高了路由器转发数据包的速度。

（3）IPv6 增加了对增强组播（Multicast）的支持以及对流的控制（Flow Control），这使得网络上的多媒体应用有了长足发展的机会，为服务质量（Quality of Service，QoS）控制提供了良好的网络平台。

（4）IPv6 加入了对自动配置的支持。这是对 DHCP（动态主机配置协议）的改进和扩展，使得网络（尤其是局域网）管理更加方便和快捷。

（5）IPv6 具有更高的安全性。使用 IPv6 网络的用户可以对网络层的数据进行加密并对 IP 报文进行校验，这极大地增强了网络的安全性。

概括起来说，互联网是一个大的体系结构，普通老百姓关心的是它上面的应用层，电信人关心的是它下面的通信层。如果把互联网比作物理上的高速公路系统，那计算机专家眼里的互联网是信息高速公路，电信人关心的是如何让汽车上高速路，老百姓关心的是车上载的货物。百度、阿里巴巴、腾讯以及各种 App 等都相当于车和货，电信宽带连接、4G、5G 等都类似于城市交通道路，计算机专家关心的骨干网络才是信息高速公路。

第 6 节　认清互联网的本质

互联网的诞生与发展是一场颠覆性的革命。随着信息技术和互联网应用的不断发展，这场革命已经波及我们生产生活的每个角落。由于有了互联网，物理距离在主观上已大大缩短，时间与空间已很难成为人际的阻隔。借助互联网，人类信息沟通品质和效率大大提高，人类的生产生活方式也产生了显著变化，消费渠道和支付方式悄然改变，消费互联已经开始。工业生产的远程运维和数字制造正成为趋势，生产互联的时代即将到来。

互联网不仅是一项伟大的技术发明，还给人类带来了一种伟大的精神力量，那就是合作共赢、共建共享的精神。有形的物质资源共享正在起步，教育资源的开放共享是教育和互联网融合发展的必然结果。国家要鼓励网络教育多元化发展，激发各方面的积极性，让更多人和组织参与到教育资源的共建共享中来。

互联网的本质规律是无穷多和无穷少。互联网的用户会无穷多，对用户的收费会越来越少。电子商务的商品会无穷多，每个个体能享用的商品占总商品的比例会越来越小。从教育的角度来讲，互联网能够为学生和教师提供无穷多的教学资源，但真正好的课件、高质量的教学资源占的比例越来越小。学习效率高的课件，好的资源尽管比例小，但选用的人会无穷多。[○]

互联网的特征是开放。尽管互联网在最初研发的时候是保密的军工项目，但发展到今天，已经具有鲜明的开放特征。任何一台计算机只要符合 TCP/IP 的要求就可以连接到互联网，并实现信息等资源的共享。

互联网颠覆了传统媒体"中央复杂，末端简单"的信息传播特征，为新闻和信息传播带来极大的自由度。

（1）网络让网民与记者一样有了更多话语权。

（2）信息的传播可瞬间完成且传播容量大。

（3）网民可以形成许多兴趣组群。

（4）网络搜索让信息获取更加方便和精准。

（5）提高了图像、视频等多媒体的传播效果。

（6）互联网加快了新闻的传播速度，扩大了新闻传播范围，满足了人们的知情权和好奇心。

（7）在互联网上人们可以参与时政讨论，发表自己的看法，了解别人的观点。

（8）在文化方面，互联网已成为大众喜爱的文化生活方式和新兴的文化空间。

互联网极大地提高了人们的精神生活质量，使生命更加有意义。[○]

○ 参见陈杰等人撰写的《谈开放，品教育（一）：开放教育资源将要改变的教与学新模式》，发表于 2013 年的《中国信息技术教育》第 3 期。
○ 参见华东师范大学闻铭撰写的专业硕士学位论文《构建区域性教师专业发展信息化平台的实践研究：以上海市 H 区为例》。

互联网对人类社会的影响是不可估量的。互联网的诞生才数十年，进入中国也才二十多年（按本书完稿时间计算），无论是底层的网络支撑，还是顶层的各种应用，都还都谈不上完美，技术还需要逐步完善，更需要政策和管理层面的包容和探索。让我们以积极的态度，善待互联网。网络很美好，且行且珍惜。

第 7 节 "开放共享，合作共赢"推动互联网不断发展

如今各行各业的人需要运用互联网来工作、生活、娱乐、消费，互联网已经成为一个庞大的产业，也带动了其他所有产业的发展。

在短短 50 多年的时间里，从最初服务于美国军方的阿帕网，发展成为全球 53 亿人无间断使用的日常必需品，这与其"开放共享，合作共赢"的精神内核密不可分。而这种开放共享并不是上层领导者的倡议，也不是由意识形态偏好发展而来的，而是被写入了互联网的基因里，是早期互联网设计会产生的必然结果。

开放共享的互联网奠基协议——TCP/IP

20 世纪六七十年代，阿帕网还是美国国防部的一个项目，美国国防部为了防止军事指挥中心不会因核打击而陷入全面瘫痪，设计出了分散的指挥系统。与此同时，科学家们也萌生将分布在不同大学和研究所的数台计算机连接起来，共同完成任务

的设想。二者不约而同指向了"包交换"技术（又称分组交换技术），由此奠定了因特网技术发展的基础。直至今天，世界各地的计算机仍然依赖这一技术相互连接。

计算机之间首次联网通信成功，标志着互联网完成了从 0 到 1 的跨越。但要成为汇聚全球力量的网络，这显然远远不够，还需在协议上取得重大突破。TCP/IP 正是这一时期的关键产物。

被称为"互联网之父"的罗伯特·卡恩（Robert Elliot Kahn）和文顿·瑟夫（Vinton Cerf）两位科学家贡献出了天才般的设计。他们首先着眼于给每台计算机都分配一个唯一确定的地址，就像住宅的门牌号一样，有了它快递员才能把包裹准确投递到位——这就是 IP。而 TCP 则负责监督传输过程，一旦出现问题就发出信号，要求重新传输，直到所有数据安全正确地传输到目的地。

TCP 负责应用软件（如浏览器）和网络软件之间的通信，IP 负责计算机之间的通信，这为实现真正的互联网插上了腾飞的翅膀。当时 TCP/IP 被美国国防部接受的原因是，当部分网络在战争条件下不可靠的时候他们依然可以借助 TCP/IP 使用网络。1973 年问世并被持续不断改进的 TCP/IP 至今仍然是全球互联网稳定运作的保障。这项技术使信息传输的可靠性完全由主机设备保障，而与连接这些主机的网络硬件的材质与形态无关。

特别值得一提的是，1975 年，罗伯特·卡恩和文顿·瑟夫在设计不同计算机互联网络的时候做出一项重要决定：一定要让计算机和计算机之间的沟通敞开和透明，不同计算机网络之间的互联协议要免费公开，可供大家自由分享。正是这个决定，使得 TCP/IP 得以迅速推广，奠定了现代网络互联的根基。

开放共享的万维网浏览器

时间来到 1989 年前后，欧洲和美国的计算机都连到了一起，然而互联网商业化的大潮还未开启，互联网使用者依然局限于军事工作者和高校科研人员之间，有较高的技术门槛。这个时候的互联网实际上是美国人主导的因特网。

同样是在 1989 年，研究计算机联网的蒂姆·伯纳斯·李（Tim Berners-Lee）正供职于欧洲核子研究所（CERN），该机构也是全欧最大的因特网节点。职场得意的伯纳斯·李创意奔涌，一口气把我们现在上网所需的东西全都发明出来了：网页、网站、网站服务器和具备编辑功能的网页浏览器。有了这些发明，世界上任何人都可以利用一台连入互联网的计算机来浏览和创建网页。当时市场上还有其他信息系统，伯纳斯·李意识到，他的发明要成为主流，就必须完全不受限制——自由使用，自由探索，自由建设。因而，伯纳斯·李并没有为 WWW 申请专利或限制其他人使用，而是无偿向全世界开放。他的 Information for All（所有人的信息）理念和举措为因特网的全球化普及翻开了里程碑式的篇章，让所有人都有机会接触到因特网，也带来一大批 .com 公司。

在此后的 20 年时间里，万维网迅速发展，彻底把之前美国人主导的因特网转变为今天的互联网，成为人类历史上影响最深远、最广泛的传播媒介。在移动互联兴起之前，无论是门户网站、博客，还是微博等社交媒体，无不基于万维网。通过万维网及其衍生功能而连接在一起的人数，远远超过通过面对面交流或其他所有已经存在的媒介连接在一起的人数总和。

全球网页和网站如雨后春笋般涌现，这颠覆了图书出版、文学创作、教育、旅游以及各个领域的商业活动。业内普遍认为，伯纳斯·李发明万维网和浏览器后，互联网技术才真正开始深刻、全面地重塑现代人的生活，1989 年是互联网史上划时代的一年，是互联网真正的起点。

暂时遇到挫折的知识开放共享

在互联网势如破竹的发展历程中少不了天才们的创新，然而并不是每位天才都能顺利逐浪弄潮，纪录片《互联网之子》便讲述了一个令人唏嘘的故事。亚伦·斯沃茨（Aaron Swartz）从 14 岁接触编程以来就展露了卓越的天赋，从参与基础互联网协议 RSS（简易信息聚合）到联合创办知名论坛 Reddit（社交新闻站点），斯沃茨的足迹遍及整个互联网。

在 MIT（麻省理工学院）大学就读期间，斯沃茨通过学校图书馆"试验性"地批量下载电子论文，因此被 FBI（美国联邦调查局）抓获。他的事件被美国政府当作打击黑客的经典案例。检方最终对他提出了 13 项重罪的指控，他可能面临几十年的牢狱之灾和 100 万美元的罚金。这一切最终让深陷抑郁症的斯沃茨在 2013 年 1 月 11 日自杀，年仅 26 岁。

从斯沃茨短暂的人生轨迹可以看出，他深刻认同互联网"开放共享，合作共赢"精神，并且对知识开放格外执着。斯沃茨生前在发言中曾提到，"知识共享"这个念头之所以能在他心里萌芽并疯长，和他的偶像万维网的创始人蒂姆·伯纳斯·李对他的影响有着不可分割的关系。伯纳斯·李发明了万维网，但并没有用万维网来牟利，而是让其免费为公众所用。受到伯纳斯·李的启发后，斯沃茨把精力投入到了一系列有关获取公共信息的新项目中，包括把网站 Watchdog.net 上"开放图书馆"这一版块中列出的已出版书籍的出版商、经销商、图书馆等信息汇集到一个网站上公布，以便读者能够知道在哪里可以购买或借阅到想要的书籍。

不巧的是，斯沃茨大展身手的时间正是互联网商业化浪潮汹涌，各行各业的传统龙头企业在线上世界"攻城略地，分割地盘"之时。斯沃茨的行为正好触犯了某版权业大亨的利益。事实上，也正是该大亨拿出的证据使得斯沃茨被 FBI 定位到 IP 并抓获。从斯沃茨悲剧色彩的一生中我们也不难看出，创新与颠覆之间的博弈长久存在。

斯沃茨的陨落也并非毫无意义，美国议会因他而修改法律并以他的名字命名新法。如今开放存取的期刊如雨后春笋不断涌现，呼吁将公共领域（Public Domain）研究成果向公众开放的声浪渐强。尽管个人命运并不理想，但亚伦·斯沃茨执着的互联网精神——开放、平等、协作、分享，却不容争议，并在一步步走向现实。

我们要大力提倡"开放共享，合作共赢"的互联网精神。维护网络空间秩序，必须坚持互信互利的新理念，摈弃零和博弈、赢者通吃的旧观念。世界各国应该推进互联网领域开放合作，资源共享，丰富开放内涵，提高开放水平，搭建更多沟通合作平台，创造更多利益契合点、合作增长点、共赢新亮点，推动彼此在网络空间优势互补、共同发展，让更多国家和网民共享互联网发展成果，促进人类文明发展。

第 2 章 | CHAPTER

互联网诞生与发展

第 1 节　第一代互联网——阿帕网

互联网的前身是产生在美国的阿帕网（Advanced Research Projects Agency Network，ARPANET），又称 ARPA 网。它是美国国防部高级研究计划局（Advanced Research Projects Agency，ARPA）信息处理处（Information Processing Techniques Office，IPTO）开发的世界上第一个计算机远距离的封包交换网络。

阿帕网由无数的节点组成，当若干节点出现问题后，其他节点仍能相互通信。

1962 年，约瑟夫·利克莱德（J.C.R. Licklider）加入美国国防部高级研究计划局（Advanced Research Project Agency，ARPA），并成为其信息处理处（Information Processing Techniques Office，IPTO）的首席执行官，他以网络概念的重要性说服了 ARPA 的伊凡·苏泽兰（Ivan Sutherland）、鲍勃·泰勒（Bob Taylor）和麻省理工学院研究员劳伦斯·罗伯茨（Lawrence G. Roberts）加入研究团队[一]。

几乎同时，1962 年，苏联的维克多·格卢什克夫（Viktor Glushkov）提出苏联计算机网（OGAS）项目，目的是为苏联实现计划经济建立全国范围的可进行统一数据获取、计算机建模和指令性调度的系统。OGAS 有以下六个主要目标。

（1）为规划和管理国民经济优化建立统一理论数学模型。

（2）建立统一的经济信息系统。

（3）为规划和管理建立标准化和算法化的流程。

[一]　参见李星，包丛笑合著的《五十年互联网技术创新发展的回顾与思考》，发表于《汕头大学学报》（人文社会科学版）2019 年 12 期。

（4）为解决经济问题建立数学模型。

（5）设计并建立统一的国家计算机网络。

（6）基于数学方法和计算机技术，建立专门的规划和管理系统。

为了达到这些目标，苏联计划设计并建立统一的国家计算机网络，包括 1 个国家计算中心，200 个地区计算中心和 20 000 个基层计算中心。

1964 年，伊凡·苏泽兰继任美国国防部高级研究计划局信息处理处的首席执行官，两年后鲍勃·泰勒上任，他在任职期间萌发了建立新型计算机网络的想法，并筹集资金启动试验。在泰勒的一再邀请下，日后成为"阿帕网之父"的劳伦斯·罗伯茨出任信息处理处首席执行官。

1967 年，罗伯茨着手筹建"分布式网络"，1968 年，罗伯茨提交研究报告《资源共享的计算机网络》，提出阿帕网的构想，目标是使"阿帕"的计算机达到互相连接以共享研究成果。根据该报告组建的国防部"高级研究计划网"，就是著名的"阿帕网"，罗伯茨也就自然成为"阿帕网之父"。

阿帕网第一期工程于 1969 年完成并投入使用，由美国西海岸的四个节点构成：第一个节点选在加州大学洛杉矶分校（UCLA），因为罗伯茨过去的麻省理工学院同事伦纳德·克兰罗克（Leonard Kleinrock）教授（创造了用于网络信息交换的分组交换协议）正在该校主持网络研究；第二个节点选在斯坦福研究院（SRI），那里有道格拉斯·恩格巴特（D.Engelbart）等一批计算机网络的先驱；加州大学圣芭芭拉分校（UCSB）和犹他大学（UTAH）因都有计算机绘图研究方面的专家，而分别被选为第三节点和第四节点。

1970 年，已具雏形的阿帕网开始向非军用部门开放，许多大学和研究机构开始接入，同时阿帕网在东海岸地区建立了首个网络节点。当时阿帕网只有四台主机联网运行，甚至连局域网（LAN）的技术都未出现。1971 年，阿帕网扩充到 15 个节点，经过几年成功运行后，已发展成连接许多大学、研究所和公司的遍及美国的计算机网，并能通过卫星通信与相距较远的美国的夏威夷州、英国的伦敦和挪威连接，使欧洲用户也能通过英国和挪威的节点接入网络。

由于阿帕网无法做到与其他类计算机网络交流，1973 年春，文顿·瑟夫和罗伯特·卡恩开始研究如何将阿帕网和另外两个已有的网络相连接，尤其是连接卫星网络（SATNET）和基于夏威夷的分组业务的 ALOHA 网（ALOHANET）。瑟夫设计了新的计算机通信协议，最后被称为传送控制协议/互联网协议（TCP/IP）。1975 年 7 月，阿帕网被移交给美国国防部通信局管理，此后阿帕网不再是实验性和独一无二的了，大量新的网络在 20 世纪 70 年代开始出现，包括计算机科学研究网络（Computer Science Research Network，CSNET）、加拿大网络（Canadian Network，CDNET）、因时网（Because It's Time Network，BITNET）和美国国家自然科学基金网络（National Science Foundation Network，NSFNET）。到 1981 年，阿帕网已有 94 个节点，分布在 88 个不同的地点。

1982 年，阿帕网原先的通信协议被停用，NCP（网络核心协议）被禁用，只允许基于 Cern（欧洲粒子物理研究所）的 TCP/IP 在网站上进行通信。1983 年 1 月 1 日，NCP 永久地成为历史，TCP/IP 正式开始成为通用协议。同年，阿帕网被分成两部分，用于军事和国防部门的军事网（MILNET）和用于民间的民用阿帕网。1985 年是 TCP/IP 突破的一年，当时它成为 UNIX 操作系统的组成部分，并最终被放进 Sun 公司的微系统工作站。当 Prodigy、FidoNet、Usenet、Gopher 等免费在线服务和商业在线服务兴起后，NSFNET 成为互联网中枢，民用阿帕网的重要性被大大减弱了。阿帕网在 1989 年被关闭，1990 年正式退役。[⊖]

最早期用作接口机的 Honeywell DDP516 小型机的内存只有 12KB。在今天看来，当时的互联网实在是太初级了，传输速度也慢得让人难以接受。但是阿帕网的四个节点及其连接，已经具备网络的基本形态和功能。阿帕网可以共享硬件、软件和数据库资源。它采用分散控制结构，应用分组交换技术（包交换技术），运用高性能的通信处理器，采用分层的网络协议。在美国和欧洲后来组建的计算机网（如欧洲信息网 EIN，法国的 CYCLADES，美国的 TYMNET、CYBERNET、TELENET、AUTODIN2 等）中，阿帕网都得到了广泛的应用和进一步的发展。

鉴于劳伦斯·罗伯茨、伦纳德·克兰罗克、文顿·瑟夫和罗伯特·卡恩四人对互联网的奠基性重大贡献，美国国家工程院于 2001 年授予四人德雷珀奖，这四人也都被称为互联网之父。德雷珀奖是工程学科领域的最高荣誉。

⊖ 参见百度百科上的词条"ARPA 网络"，网址为 https://baike.baidu.com/view/21436405.html。

阿帕网的部分研发人员

第 2 节　第二代互联网——万维网的发明

　　第一代互联网实际上只能服务于特定人群，尽管今天我们统称其为 Internet（因特网），但第一代的因特网首先服务于军事，其次才是用于大学和科研机构的学术交流。使用第一代因特网的人需要具备计算机专业技能或经过专门的技术培训，第一代因特网并没有在社会上普及。

　　因特网运行差不多 20 年后，英国人在因特网的基础上发明了万维网（World Wide Web），此后上网不再需要专门的知识和培训。万维网免费向用户开放，普通人通过计算机就能上网，全世界有条件的人都可以很方便地通过网络互联。尽管今天我们仍然称其为因特网,但它完成了从因特网到互联网的转变。30多年过去了,互联网成为人类发展史上的一个里程碑,极大地改变了人类世界的空间轴、时间轴和思想维度,大大加速了地球文明的进程。

万维网方便了人们的工作和生活,比如在情感经历、个人观点、时政新闻、电影、艺术、文学等方面,人们都可以以历史上从来没有过的低投入实现信息共享。相距遥远的人们可以通过网络来相互沟通交流,使彼此思想境界得到升华。网络甚至改变了人们对待事物的态度和观点。根据联合国的统计数据,到2023年7月,全球网民数量至少占全球总人口的64.5%。网民们几乎每天都会访问Web畅游网络。那么到底什么是Web呢?

1. Web的概念

Web又称WWW(World Wide Web),可翻译为全球广域网,中文名称为"万维网",是一个由许多相互链接的超文本组成的信息系统,是一种基于超文本的、全球性的、动态交互的、跨平台的分布式图形信息系统,由Web客户端(即浏览器)和Web服务器组成。也就是说,Web是无数个网络站点和网页的集合,用户可以使用浏览器,通过因特网访问Web服务器上的网页,它是互联网上应用范围最广的访问工具。

2. 从Web1.0到Web2.0

如果说伯纳斯·李是Web之父,那么蒂姆·奥莱利(Tim O'Reilly)就是Web2.0之父。Web2.0的概念是在2004年一个头脑风暴论坛上被首次提出的。Web2.0是指利用Web平台,由用户主导生成内容的互联网产品模式。与Web1.0不同的是,

Web2.0 的概念并不是由开创性的技术变革驱动的，更准确地说，Web2.0 是一种思想和趋势上的转变，Web2.0 与 Web1.0 之间并不存在绝对的界限。

与 Web1.0 相比，Web2.0 最大的特征是去中心化。在 Web 应用之初以及之后很长的一段时间里，人们在 Web 上主要的活动是从网页上获取信息，信息的传播方式通常是一个中心向多个点的"一对多传播"，且传播的方向多是单向的。而在 Web2.0 时代，人人都可以是内容的创造者和传播者，信息的传播方式由"一对多传播"变成了点对点传播，任何两个点之间都能建立信息交流渠道，并且这种交流方式是双向流通的。

从用户参与的角度来看，Web1.0 的本质是联合，特征是静态存储，用户仅是被动参与，网页上的信息对用户来说是"只读"的。Web2.0 则是一种以分享为特征的实时网络，用户可以实现互动参与，网页上的信息对用户来说是"可读可写"的。Web2.0 大大增强了网络的交互性。在 Web2.0 时代，网页不再仅是获取信息的主要途径，更是一个平台，它承载着用户对内容的协同创造与融合集体智慧的共同创新。

Web2.0 的本质就是互动，它让网民更多地参与信息产品的创造、传播和分享，而在这个过程中产生的数据也是有价值的。Web2.0 的互动性是有限的，而且 Web2.0 没有体现和保护网民个体的劳动价值。

科学家正在研发 Web3.0，希望能够更好地体现网民创造的数据资产价值，并且能够实现价值合理分配。Web3.0 将以网络化和个性化为主要特征，可以提供更多智能服务，用户可以实现实时参与创造，并享有个人创造的数据资产权益。

第3节　第三代互联网——搜索引擎与社交网络

互联网经历了第一代"接入为王"（阿帕网）和第二代"内容为王"（万维网、Web1.0 与 Web2.0）之后，进入"应用为王"的第三代。第三代互联网是超越宽带和无线概念的互联网技术、应用、服务和商业模式的综合体系，以应用为基础和标志，着重强调和互联网的结合，更加强调互联网与具体应用的结合以及与用户的结合。第三代互联网时代是一个永远在线的网络时代，用户能够在高速、高度统一、开放的计算标准支持下，通过各类通信终端，随时随地通过个性化、人性化的界面和应用环境来使用互联网。

然而，随着因特网的迅猛发展及网络信息量的增加，用户要查找所需信息如同大海捞针一样。从 1995 年开始逐渐发展起来的搜索引擎技术解决了这一难题，它可以为用户提供信息检索服务，根据用户的需求提供快捷、可参考的检索信息。

第一代搜索引擎是分类目录搜索引擎，以雅虎为代表。作为 20 世纪末互联网奇迹的创造者之一，雅虎（Yahoo!）是全球第一家提供因特网导航服务的网站，也是最老的"分类目录"搜索数据库。雅虎创建于 1994 年，其创立者为斯坦福大学电机系毕业生杨致远（Jerry Yang）和大卫·费罗（David Filo），包括搜索引擎、电邮、新闻等服务，业务遍及 24 个国家和地区，提供英国、中国、日本、韩国、法国、德国、意大利、西班牙、丹麦等 12 个国家官方语言版本，为全球超过 5 亿的独立用户提供多元化的网络服务。

第二代搜索引擎进入文本检索时代，系统将用户输入的查询信息提交给服务器进行查阅，随即反馈给用户一些相关度较高的信息。1995 年正式推出的 AltaVista、Excite 均为采用该模式的搜索引擎，并一度成为当时最为流行的搜索引擎。

第三代搜索引擎是整合分析搜索引擎。这时的搜索引擎通过每个网站的推荐链接的数量来判断一个网站的流行性、重要性，再结合网页内容的重要性和与用户需求的相似程度向用户提供信息，这大大提高了搜索的信息质量。1998 年，拉里·佩奇（Larry Page）和谢尔盖·布林（Sergey Brin）共同创建了谷歌（Google），并率先使用这种模式向用户提供服务。谷歌在 2003 年至 2010 年先后推出了整合搜索、个性化搜索、实时搜索、地图服务、线上文件编辑、网站统计、浏览器、超大容量电子邮件、即时通信等功能，极大地丰富了搜索引擎的内涵。另外，谷歌还是第一家把搜索应用迁移到移动设备上的公司。

社交网络通常指社交网络服务，源自英文 SNS（Social Network Service）。社交网络的主要作用是为一群拥有相同兴趣与爱好的人建立在线社区。这类服务往往会聚合起来并演变成一个基于互联网的，为用户提供各种交流服务的网络社交平台。

社交网络的起点是电子邮件，它使计算机之间可以顺利地进行信息交流。相对于电子邮件，随后出现的 BBS（电子公告板系统）则更进一步。自 1978 年，沃德·克里斯坦森（Ward Christensen）和兰迪·苏思（Randy Suess）在美国发布了历史上第一个 BBS 系统开始，BBS 逐步发展，把"群发"和"转发"常态化，同时推进了网络社交的进程。QQ、MSN（微软网络服务）和博客的出现，是对电子邮件和 BBS 功能的升级。

2004 年 2 月，社交网络服务网站 Facebook 上线，主要创始人为马克·扎克伯格（Mark Zuckerberg）。最初 Facebook 仅针对美国大学生提供交流服务，随着用户不断增加，影响不断扩大，申请加入 Facebook 的人也越来越多。2008 年，Facebook 开始面向社会人士开放，所有人都可以注册，随之用户数飞涨，现在已成为全球最大的社交网站。社交网站未来仍具有巨大潜力和发展前景。

2005 年，乍得·贺利（Chad Hurley）、陈士骏（Steve Chen）、贾德·卡林姆（Jawed Karim）等三名 PAYPAL（在线支付服务商）前雇员创办了 Youtube（视频网站），本意是方便朋友之间分享录影片段，后来逐渐成为网民的回忆存储库和作品发布场所。Youtube 成立后，短时间内吸引了大量用户，迅速成为 21 世纪浏览人数最多的网站之一。2008 年，Youtube 被授予年度皮博迪奖，被誉为"发言者的角落"，以表彰 Youtube 在广播、电视和网络媒体上提供公共服务的巨大意义。2011 年 12 月，Youtube 进行了一次全新改版，用更多图片、视频取代了文字，内容也更具社交化了。

2006 年，由埃文·威廉姆斯（Evan Williams）创建的新公司 Obvious 推出了 Twitter（推特）服务。最初 Twitter 只用于用户向好友的手机发送文本信息，随着不断改进才逐渐演变为如今广受欢迎的社交网络及微博服务网站。它允许用户将自己的最新动态、想法以移动电话中短信息的形式发布出去，所有的 Twitter 消息都被限制在 140 个字符之内。

从搜索引擎和社交网络的发展历程来看，与第三代互联网相关的所有技术、设计都致力于向用户提供更加精准、便捷、及时的信息。第三代互联网的用户拥有相对足够的带宽和无所不在的应用终端，享用个性化、人性化的界面和应用环境，可以实现时时在线。互联网将融入人们的日常生活当中，同时将网络经济与传统经济紧密地融合在一起。

第4节　第四代互联网——移动互联网

移动互联网从广义上说就是指支持用户使用手机、平板电脑、笔记本电脑等移动终端获取移动通信网络服务和互联网服务的无线网络；狭义上说就是支持用户使用手机终端浏览互联网站和手机网站，获取多媒体、定制信息等数据服务和信息服务的无线网络。⊖

移动互联网是互联网与移动通信互相融合后产生的新兴产物，是智能移动终端与无线网络相结合，并连接人们线上线下生活、工作和娱乐出入口的新通道。它不仅改变了人类的生活习惯，还改变了人类的生产方式。虽然移动互联网与桌面互联网共享互联网的物理基础线路与相同或近似的软件系统、核心理念和价值观，但移动互联网有实时性、便携性、移动方便和可定位等特点，正在日益丰富的智能移动装置是支撑移动互联网发展的重要基础之一。

产生和发展

早在 2000 年时，中国移动通信集团公司就推出了"移动梦

⊖　参见董勇撰写的《未来移动互联网是主流》，发表于 2013 年 12 月 4 日的《重庆时报》。

网"，这可以看作移动互联网的雏形，以其为代表的早期移动互联网产品虽然标榜可以提供移动游戏、掌上理财、旅行、移动办公等服务，但实际上由于网络与终端等基础硬件设施的限制，最终也只是为用户提供了移动增值产品，如彩铃、电子邮件等，产业发展较为缓慢。

2007 年是移动互联网发展的关键年。这一年，装载 iOS 和 Android 等系统的手机相继高调出场，开始进军移动终端市场。此后，众多厂商纷纷效仿，加入这场移动终端的战争。2008 年，苹果宣布开放 App Store，向用户提供第三方应用软件，至此便开始了应用软件和智能手机相结合的经营模式。许多运营商、终端和服务供应商相继推出在线应用商店，同时，应用服务也在不断地细化与创新。

我国移动互联网真正从概念走向生活是从 2010 年开始的，无线通信技术传输带宽的升级带来了移动互联网的高速发展。随着三大运营商取得 3G 牌照，手机用户规模不断扩大，中国移动互联网进入大发展时期。电信运营商、应用开发商、互联网/移动互联网厂商以及终端厂商不断将自身资源投入到移动互联网产业，产业链条日益完善。这一年，苹果公司推出了 iPad，这颠覆了移动互联网仅针对手机的概念，大家对移动设备有了更全面的理解。

苹果公司重新定义了智能手机、平板电脑，这使得网络终端呈爆炸式增长，尤其是智能手机、平板电脑、智能可穿戴设备的持续热销让移动互联网可以轻松连接到每一个智能终端的用户。WiFi、4G 和 5G 等在大中小型城市以及一些乡镇农村的覆盖率不断提高，也为移动互联网的发展注入了巨大的能量。

现状和趋势

由中国互联网络信息中心（CNNIC）第 52 次《中国互联网络发展状况统计报告》可知，截至 2023 年 6 月，我国网民规模达 10.79 亿人，较 2022 年 12 月增长 1109 万人。台式电脑、笔记本电脑的使用率均出现下降，手机不断挤占其他个人上网设备的使用空间。移动互联网与线下经济联系日益紧密，并推动消费模式向资源共享化、设备智能化和场景多元化发展。

除了移动社交、手机游戏、手机电视、移动电子商务等应用不断发展外，一些传统行业也开始进入移动互联网领域，由此产生了在线教育、移动金融、车联网等新兴事物，使移动互联网在行业运用范围上也有了新的突破。

今天的移动终端不仅可以通话、拍照、听音乐、看视频、玩游戏，而且可以提供定位导航、信息处理、指纹扫描、身份证扫描、条码扫描、RFID（无线射频识别）扫描、IC（集成电路）卡扫描、酒精含量检测等丰富的功能，成为协助移动社交、移动执法、移动办公和移动商务的重要工具。[⊖]

在当前的市场上，智能手机的出货量远远超过笔记本电脑和平板电脑，而可穿戴设备的市场也在迅速扩大。可以预见，未来智能手机和可穿戴设备将在移动智能终端中占据越来越重要的位置。

随着 5G 的突破，移动互联网进一步发展，手机网民持续增长。移动互联网正在逐步渗透到我们生活的方方面面，它具有的可以随时随地上网的特点，使它已经成为我们日常生活的重要组

⊖ 参见四川主干信息技术有限公司的专利《一种多功能智能终端》，申请（专利）号：CN202221495675.4。

成部分。移动互联将推动共享经济和共享知识进一步发展，是推动人类文明迈上新台阶的重要一环。

目前，移动互联网的发展已呈现爆发趋势。究其原因是它顺应并拓展了用户的需求，丰富的移动互联网应用已成为人们生活中必不可少的一部分。手机视频、手机音乐、手机游戏、移动搜索、移动支付、手机导航等大大便利了人们的日常生活，让用户可以充分利用"碎片时间"，随时随地获取有价值的信息。正是移动互联网具有的这些实时性、便携性、交互性、可定位的特点，带给了用户全新的体验。随着移动社交、移动广告、移动视频、移动阅读日益普及，移动互联网的大爆炸还将进一步加深。技术变革是最强生产力，移动互联网模式的创新对科技、经济、生活都将产生深远的影响。

目前我们仍处在移动互联网发展的初级阶段，移动互联网的未来还面临一系列挑战，如对移动终端、接入网络、资源的管理，以及服务质量保证、网络安全与隐私保护等。例如，以 Android 开放平台为主的移动市场虽已形成了一条完整且严密的产业链，并急速扩大，但其中的一些严峻问题也日益凸显，如开发者、广告商、SP（移动互联网服务内容应用服务的直接提供者）等厂商肆意利用权限收集用户隐私、恶意扣费的现象屡禁不绝。甚至有部分开发者、厂商、第三方平台相互勾结，泄露或贩卖个人信息，这些不法行为给消费者和行业环境带来了不良影响。要想仅靠从业者的自律来肃清整个行业，显然是杯水车薪。移动互联网要健康发展，必须有一个规范的体系，还得多管齐下，综合治理。㊀

㊀　参见李栋、郝俊慧合著的《一场误读带来的无谓恐慌》，发表于 2012 年 12 月 14 日的《IT 时报》。

技术是一把双刃剑，但是造福还是为祸不在于利器，而在于执器者。首先，我们要肯定移动互联网在信息透明化、生活便捷化、管理高效化等方面的巨大作用，肯定它对科技成果共享、健康文化传播带来的极大便利。其次，政府在必要时应制定相应法规，积极引导移动互联网的发展方向，保障移动互联网产业稳步前行不脱轨，以推进中国信息化进程和实现产业跨越。

第3章｜CHAPTER

互联网技术发展

第 1 节　互联网标志性技术

互联网的物质载体

当今，人们已经习惯于生活中无所不在的互联网应用，办公、出行、点餐、购物、社交等，可以说，如果没有了互联网，人们的生活将变得难以想象。提起互联网，很多人会想到阿里巴巴、腾讯、字节跳动等公司的应用，实际上它们只是互联网的使用者。如果我们把互联网比作现实中的高速公路，那么阿里巴巴、腾讯的应用只是高速公路上的车。

信息高速公路是如何建立起来的呢？虚拟世界的互联网，有着自己特有的物质基础。2009 年，诺贝尔物理学奖授予了华裔物理学家高锟等人，他们的科学成就奠定了今日网络化社会蓬勃发展的物质基础。

1957 年，高锟带领研究团队研究如何通过光学玻璃纤维实现远距离光信号传输。1966 年，高锟发表了一篇题为"光频率介质纤维表面波导"的论文，开创性地提出光纤在通信上应用的基本原理，在全世界掀起了一场光纤通信的革命。他们应用纯玻璃纤维使光信号传输可达到 100km，而在这之前，光纤传输光信号只能达到 20m。到 1970 年，第一个超纯光纤被成功制造出来，这些低损耗的玻璃纤维后来成为互联网的基本物质载体。

20 世纪 90 年代初期，光信号传输主要用于解决通信技术问题，掺铒光纤放大器（EDFA）的研制成功，打破了光纤通信传输距离受光纤损耗的限制，进一步提高了光通信距离，达到几千千米，给光纤通信带来了革命性的变化，被誉为光通信发展的一个"里程碑"。光纤放大器技术就是在光纤的纤芯中掺入能产生激光的稀土元素，通过激光器提供的直流光激励，使通过的光信号得到放大。同传统的半导体激光放大器（SOA）相比较，光纤放大器不需要经过光电转换、电光转换和信号再生等复杂过程，可直接对信号进行光放大，具有很好的"透明性"，特别适用于长途光通信的中继放大。可以说，光纤放大器为实现光通信奠定了关键技术基础。○

　　俄罗斯物理学家阿尔费罗夫在半导体异质结构领域的研究成就，让他荣膺了2000年诺贝尔物理学奖。他对物理学和Ⅲ－Ⅴ族半导体异质结构技术，特别是在喷射特性、激光器开发、激光二极管、取向方法等方面做出了杰出贡献，现代异质结构物理学和电子学因此创立。高速光电子领域通过结合半导体异质结构的基础研究成果为现代信息技术奠定了基础，异型结构的固体激光使光纤通信成为可能，后来，异型结构的器件还用于通信卫星、条码阅读机、手提电话及其他产品。

　　光纤和光纤放大器实现了光信号的传输，但如果每一个光信号都要使用一条光纤，会让地球表面覆盖满了这些玻璃丝。如何让一条光纤可以运载来自全球各地不同地方承载不同内容的信号，且能并行不乱呢？这就需要通过波分复用技术来实现。波分复用技术是将两种或多种不同波长携带各种信息的光载波信号，在发送端经复用器汇合在一起，并耦合到光线路的同一条光纤中进行传输。在接收端，经分波器将各种波长的光载波信号分离，然后由光接收机做进一步处理以恢复原信号，即实现了在同一条光纤中同时传输两个或众多不同波长光信号的要求。这种技术可

　　○　参见百度百科上的词条"光纤放大器"，网址为 http://baike.baidu.com/view/106611.html。

增加光纤的传输容量，可使一条光纤传送信息的物理限度相较之前增加一倍至数倍，让传输带宽更加充足。可以想象，对早期铺设的芯数不多的光缆来说，利用波分复用技术可进一步实现增容，而不用对原系统进行大改动。波分复用技术大量减少了光纤的铺设量，大大降低了建设成本，当出现故障时，由于光纤数量少，查找恢复起来也非常迅速方便。

1999 年，一项庞大的全球互联网物理层建设工程开启，这个工程被形象地称为氧气工程（Project Oxygen）。氧气工程是一个基于 ATM（异步传输模式）技术的全球交换和传输网构建工程，在这个传输网中海底光缆总长 3.2×10^5 km，陆地光缆长 10^4 km 以上，包括 38 个独立的自愈环，使用了最新的密集波分复用技术。它从美国东部起始，横越大西洋、地中海、红海，连接印度洋、穿过马六甲海峡，延伸到最宽广的太平洋底，直达美国西部，几乎围绕地球一圈。整个工程耗资 150 亿美元，连接 175 个国家。网络中每条光缆的传输容量，在海底为 640Gb/s，在陆地可达到 1.9Tb/s。该工程已在 2003 年完成。

时至今日，全球各地因互联网而紧密连接，网络就如同人类生存必须具备的氧气、阳光、水和食物一样，不可或缺。正是有了光纤通信技术和氧气工程，带着海量数据的光信号才可以在细玻璃丝中畅行无阻，文本、音乐、图像和视频等各种表现形式的信息在瞬间实现全球传输。

分组交换技术与分组交换协议

国际上公认的互联网民用始于 1986 年，从互联网民用开始发展到现在（本书完稿时）还不到 40 年，但互联网发展速度却非常快，并带来了经济与社会的巨大变化。前文介绍过，互联网起源于阿帕网，阿帕网加州大学洛杉矶分校第一节点与斯坦福研究院第二节点的连通，实现了分组交换网络的远程通信，这是互联网正式诞生的标志。[一]而数据分组交换技术是支撑整个网络发展的关键技术。

1. 分组交换技术

分组交换技术是将用户传送的数据按一定的长度划分成一个个部分（每个部分叫作一个分组），然后按分组进行信息传输的技术。它是通过计算机发送端和接收端实现计算机与计算机之间的通信，是在传输线路质量不高、网络技术手段还较单一的情况下，应运而生的一种交换技术。每个分组的前面有一个分组头，用于指明该分组发往何地址，然后由交换机根据每个分组的地址标志，将它们转发至对应的目的地，这一过程称为分组交换。[二]

20 世纪中叶，克兰罗克为自己的博士论文选择了一个全新的研究领域——数据网络。1964 年，他的博士论文《通信网络》出版，首次提出"分组交换"的概念，这为互联网奠定了最重要的技术理论基础。后来，克兰罗克主持了人类社会第一次分组交换通信网络的实验，从而敲开了网络时代的大门。数据分组交换技术后来成为互联网的标准通信方式，克兰罗克也因为在理论和实践上做出的突出贡献，得到了"互联网之父"的名号。

[一] 参见《互联网诞生五十年，从纪录片〈互联网时代〉看时代意义》，网址为 https://www.sohu.com/a/349644133_688642。

[二] 参见百度百科上的词条"快速分组交换"，网址为 http://baike.baidu.com/view/21151059.html。

分组交换技术具有如下特点：

（1）**线路利用率高**。分组交换技术以虚电路的形式进行信道的多路复用，实现资源共享。它可在一条物理线路上提供多条逻辑信道，从而极大地提高了线路的利用率，使传输费用明显下降。

（2）**可进行异构通信**。分组网通过 X.25 协议向用户提供标准接口，数据以分组为单位在网络内存储和转发，使不同速率终端或使不同协议的设备实现互相通信。

（3）**信息传输可靠性高**。每个分组在网络中传输时，节点交换机之间使用差错校验与重发的功能，因而在网络传送中的误码率大大降低。而且网络内发生故障时，网络中的路由机制会使分组自动选择一条新的路径以避开故障点，不会造成通信中断。⊖

2. 分组交换协议

分组交换协议是数据终端设备（DTE）与交换网及其各交换节点之间针对信息传输过程、信息格式等进行的约定，分为接口协议和网内协议。接口协议是数据终端设备与网络设备之间的通信协议。网内协议是网络内部各交换机之间的通信协议。X.25协议是数据终端设备与数据通信设备之间的接口协议，于1976年颁布，此后进行了多次修改，是目前使用最广泛的分组交换协议。X.25 协议定义了帧（Frame）和分组（Packet）的结构，数据传输通路的建立、释放过程，数据传输、顺序控制、差错控制、流量控制等机制，以及分组交换提供的基本业务和可选业务等。

⊖ 参见赵振华等人撰写的《现代分组交换技术的发展与应用》，发表于2015 年 10 月 30 日的《速读（下旬）》。

X.25 接口协议分为三层：物理层、数据链路层和分组层。各层在功能上相互独立。

（1）物理层协议规定了数据终端设备和数据通信设备之间接口的电气特性、功能特性、机械特性和协议的交互流程。

（2）数据链路层主要完成数据终端设备和数据通信设备间的数据传输、发送端与接收端间的信息同步、传输过程中的检错和纠错、有效的流量控制、协议错误的识别警告以及链路层状态的通知。

（3）分组层是利用数据链路层提供的可靠传送服务，在数据终端设备与数据通信设备之间控制虚呼叫分组的数据通信协议。它将一条逻辑链路按照动态时分复用的方法划分为多个子逻辑信道，允许多个用户终端或进程同时使用一条逻辑链路，以充分利用线路资源。

网络通信协议 TCP/IP

在广袤的世界中，人类通过语言、动作传递信息，相互交流。如同人与人之间相互交流要使同一种语言一样，计算机之间的互联互通也需要共同遵守一定的规则，这些规则就称为网络协议。目前的因特网采用的协议族是 TCP/IP 协议族。IP 是 TCP/IP 协议族中网络层的协议，是 TCP/IP 协议族中的核心协议。

TCP/IP 是 Transmission Control Protocol/Internet Protocol 的简写，翻译为传输控制协议 / 网络互联协议，又名网络通信协议，是互联网最基本的协议，是网际互联的基础。TCP/IP 定义了电子设备如何接入互联网，以及数据如何在它们之间传输。

在阿帕网诞生时，没有一个明确的规定来告知接口信号处理机（IMP）何时为信号打开通信通道，何时关闭信号通道。罗伯特·卡恩和文顿·瑟夫于 1970 年 12 月制定出最初的通信协议——网络控制协议（NCP）。第一代的 NCP 并没有很好地解决上述问题，1973 年，在深入分析 NCP 的各个细节后，他们发明了开放系统下的传输控制协议（TCP）和网络互联协议（IP）。1974 年 12 月，第一份 TCP 详细说明正式发表。1984 年，美国国防部将 TCP/IP 作为计算机网络的标准，20 世纪 90 年代中期是 TCP/IP 蓬勃发展的时期。

TCP/IP 的参考模型是一个抽象的分层模型，其参考模型与国际标准化组织提出的 7 层 ISO（开放系统互联）模型相似。在这个模型中，TCP/IP 被分为四层，从下而上分别是：数据链路层、网络层、传输层和应用层。

（1）**数据链路层**：对实际的网络数据进行管理，定义如何使用实际网络来传送数据。

（2）**网络层**：这是整个系统的关键部分，主要负责提供基本数据封包传送功能，让每个数据包均能到达目的主机，该层使用网络互联协议（IP）。

（3）**传输层**：提供节点间的数据传送服务，给数据包加入传输数据并把其传输到下一层，此层负责传送数据并确定数据是否被送达和接收。在这一层定义了两个端到端的协议——传输控制协议（TCP）和用户数据报协议（UDP）。

（4）**应用层**：该层为应用程序间的沟通层，包含所有高层协议，如电子邮件传输协议（SMTP）、文件传输协议（FTP）、虚拟终端协议（TELNET）等。

TCP/IP 不依赖任何特定的计算机硬件、操作系统和特定的网络传输硬件，所以该协议能够用于各种各样的网络，从而将各种硬件、软件联合为一种实用系统。统一分配的网络地址使得 TCP/IP 下的设备在网络中具有唯一地址。标准化的高层协议，可以提供开放的协议标准和多种可靠的用户服务。

关于 IP 中地址为 32 位的设计，笔者曾在 2012 年 5 月当面请教文顿·瑟夫教授。瑟夫教授说："用今天的眼光看，当时的阿帕网和其他几个网络都是规模很小的网络，很多属于实验型网络。我们以为 32 位的 IP 地址已经是天文数字，足以满足所有网络和发展需要，但是没想到互联网的发展远远超出了我们当时的想象。"现在已经开始采用 128 位的 IPv6 地址，也许以后还会出现 IPv8。

TCP/IP 具有很强的稳定性，即使大部分网络被破坏，其仍然可以维持有效通信。TCP/IP 同时具备了高可扩展性和高可靠性，但不幸的是它牺牲了速度与效率。TCP/IP 的缺点还包括：

（1）在服务、接口与协议上的区别不是很清楚，因此其参考模型只是一个抽象分层模型。

（2）数据链路层并非实际定义上的一层，一个好的模型应该将物理层与数据链路层分开，而 TCP/IP 参考模型没有做到这一点。

关于 IPv6

IPv6 是下一代 IP（现行版本为 IPv4）。IPv4 地址长度为 32 位，即共有 $2^{32}-1$（约 43 亿）个地址可供不同的互联网设备接入。互联网发展的速度和规模，远远超出了几十年前互联网先驱们制定 TCP/IP 时的想象，随着互联网的普及、移动互联网和物联网的发展，IPv4 能提供的地址早已无法满足全球互联网用户的需要，IP 地址资源短缺的问题亟待解决。

我国拥有全球 20% 的互联网用户，却只拥有 5% 的 IP 地址，每一位美国互联网用户可以分配到 6 个 IP 地址，而我国约 26 个互联网用户共享 1 个 IP 地址。各国重点推进 IPv6，主要是因为随着互联网的高速发展，互联网用户量大幅增加，接入互联网的设备越来越多，全球 IPv4 地址资源已分配殆尽，遇到的网络安全问题越来越多，IPv4 已无法满足互联网的发展需求，严重制约了互联网的承载能力和服务水平。全球都应该逐步适应互联网向以 IPv6 地址为基础的下一代互联网过渡。

IPv6 是由 IETF（Internet Engineering Task Force，互联网工程任务组）进行设计的，是用于替代 IPv4 的下一代互联网协议。IPv6 的地址长度为 128 位，是 IPv4 地址长度的 4 倍，最多可供 $2^{128}-1$ 台不同设备接入互联网，解决了 IP 地址资源缺乏的问题，如此巨大的地址空间号称"可为地球上的每一粒沙子配备一个 IP 地址"。

IPv6 被视为未来互联网创新和可持续增长的基础。我国早在 2003 年就将 IPv6 的研发提上了日程，启动了中国下一代互联网示范工程（CNGI 项目）。2017 年 11 月，中国共产党中央委员会办公厅、中华人民共和国国务院办公厅印发了《推进互联网协议第六版（IPv6）规模部署行动计划》，提出"用 5 年到 10 年时间，形成下一代互联网自主技术体系和产业生态，建成全球最大规模的 IPv6 商业应用网络""到 2025 年末，我国 IPv6 网络规模、用户规模、流量规模位居世界第一位，网络、应用、终端全面支持 IPv6，全面完成向下一代互联网的平滑演进升级，形成全球领先的下一代互联网技术产业体系"。

自 2017 年以来，通过扎实有效的工作，我国整体 IPv6 水平呈现飞跃式发展态势。根据中国互联网络信息中心（CNNIC）发布的第 50 次《中国互联网发展状况统计报告》，截至 2022 年 6 月，我国 IPv6 地址数量为 63 079 块 /32。另根据《中国 IPv6 产业发展报告》，截至 2023 年 5 月，IPv6 活跃用户已达 7.63 亿，IPv6 用户占比达到 71.51%，用户规模稳居世界前列，移动互联网 IPv6 流量占比超过 50%。同时，我国在教育和科研网络中大规模推进 IPv6 的研究和应用，截至 2022 年底，IPv6 技术已覆盖所有本科高校，覆盖用户 1500 万人，活跃用户超过 1000 万人。

IPv4 与 IPv6 的区别

除了 IP 地址数量的差别，IPv6 与 IPv4 相比有哪些主要区别呢？

（1）**路由和寻址的能力**：IPv6 地址的编码采用类似于 CIDR（Classless Inter-Domain Routing，无类别域间路由）的分层分级结构，如同电话号码。这简化了路由流程，加快了路由速度。在多点传播地址中增加了一个"范围"域，从而使多点传播不再局限在子网内，可以横跨不同的子网，不同的局域网。

（2）**报头格式**：IPv4 报头格式中一些冗余的域或被丢弃或被列为扩展报头，从而降低了包处理和报头带来的带宽开销。虽然 IPv6 的编码数量是 IPv4 编码数量的 4 倍，但报头只有它的 2 倍大。

（3）**对可选项的支持**：IPv6 的可选项不放入报头，而是放在一个个独立的扩展头部。如果不指定路由器不会打开扩展头部。这大大改变了路由性能。IPv6 放宽了对可选项长度的严格要求（IPv4 的可选项总长最多为 40 字节），并可根据需要随时引入新选项。IPv6 很多新的特点就是由选项来提供的，如对 IP 层安全（IPSec）的支持，对巨报（Jumbogram）的支持以及对 IP 层漫游（Mobile-IP）的支持等。

（4）**QoS 功能**：因特网不仅可以提供各种信息，缩短人与人之间的距离，还可以供人们进行网上娱乐。网上 VOD（Video On Demand，视频点播）被商家炒得热火朝天，而这大多还只是准 VOD 的水平，只能在局域网上实现，因特网上的 VOD 都很不理想。问题在于 IPv4 的报头虽然有服务类型的字段，实际上现在的路由器都忽略了这一字段。在 IPv6 的头部，有两个相应的优先权和流标识字段，允许把数据报头指定为某一信息流的组成部分，并可对这些数据报头进行流量控制。如对于实时通信来说，即使所有分组都丢失也要保持恒速，所以其优先权最大，而一个新闻分组延迟几秒人们也没什么感觉，所以其优先权较小。IPv6 要求这两字段是每一 IPv6 节点都必须实现的。^㊀

（5）**身份验证和保密**：在 IPv6 中加入了关于身份验证（VIEID）、数据一致性和保密性的内容，这极大地增强了网络安全性。

（6）**对移动设备的支持**：IPv6 在设计之初就有了支持移动设备的思想，允许移动终端在切换接入点时保留相同的 IP 地址。

（7）**地址配置过程**：IPv6 无须 DNS 服务器也可完成地址配

㊀ 参见合肥红珊瑚软件服务有限公司的专利《一种在 IPV4 网络中透传 IPV6 数据包的方法》，申请（专利）号：CN201610883869.4。

置和路由广播地址前缀配置。各主机可根据自己的 MAC（媒体访问控制）地址和收到的地址前缀生成可聚合的全球单播地址。这也方便了某一区域内的主机同时更换 IP 地址前缀。

IPv6 的主要优点和问题

IPv6 的主要优点如下。

（1）**扩展为先**：引入灵活的扩展报头，按照不同协议要求增加扩展报头种类，按照处理顺序合理安排扩展报头的顺序。

（2）**层次区划**：IPv6 极大的地址空间使实现层次性的地址规划成为可能，同时国际标准中已经规定了各个类型地址的层次结构，这样既便于路由的快速查找，又便于路由聚合，缩减 IPv6 路由表大小，降低网络地址规划的难度。

（3）**即插即用**：IPv6 引入自动配置以及重配置技术，对于 IP 地址等信息实现自动增、删、更新和配置，提高 IPv6 的易管理性。

（4）**贴身安全**：IPv6 集成了 IPSec，用于网络层的认证与加密，为用户提供端到端的安全，可以在 IPv4 迁移到 IPv6 时同步发展 IPSec。[一]

（5）**移动便捷**：MobileIPv6（移动 IPv6）增强了移动终端的移动特性、安全特性、路由特性，降低了网络部署的难度和成本，为用户提供了永久在线的服务。[二]

[一] 参见百度百科的词条"IPv6"，网址为 https://baike.baidu.com/view/21907.html。

[二] 参见曲阜师范大学赵桂新撰写的硕士学位论文《IPv6 万兆以太网在校园网中应用的研究》。

（6）**更小的路由表**：IPv6 的地址分配一开始就遵循聚类（Aggregation）的原则，这使得路由器能在路由表中用一条记录（Entry）表示一片子网，大大减小了路由器中路由表的长度，提高了路由器转发数据包的速度。[⊖]

虽然 IPv4 地址资源紧缺，但到目前为止，IPv6 网络的发展还是缺少商业需求，由此可以预见，在很长一段时间内，IPv4 将与 IPv6 将共存。同时，由于 IPv6 地址的扩展、IPv4 与 IPv6 间的非对称性、过渡形式的多样性等系列问题，在 IPv4 向 IPv6 过渡期间安全防护将面临更为复杂的形势。在这期间，双栈和隧道机制将成为主要手段，攻击者可以利用双栈机制中两种协议间存在的安全漏洞或过渡协议的问题来逃避安全监测乃至实施攻击行为。另外，IPv6 中仍保留着 IPv4 的诸多结构特点，如选项分片和 TTL（表示数据包在网络中的最长寿命）等。这些选项都曾经被黑客用来攻击 IPv4 节点。IPv6 在安全性方面主要解决的是网络层的身份认证、数据包完整性和加密问题。因此，一些从上层发起的攻击，如应用层的缓冲区溢出攻击和传输层的 TCP-SYN Flood（半开式连接）攻击等，在 IPv6 下仍然存在。

IPv6 当前面临的最大问题是市场占有率仍偏低。现有服务商想让自己的服务器为尽可能多的用户提供服务，就意味着它们必须部署一个 IPv4 地址。当然，它们可以同时使用 IPv4 和 IPv6 两套地址，但很少有用户会用到 IPv6，并且用户还需要对自己的软件做一些小修改才能适应 IPv6。另外在硬件方面，还有不少家

⊖ 参见电子科技大学罗晓东撰写的硕士学位论文《基于三网融合通信应用实训项目的研究》。

庭的路由器根本不支持 IPv6，因此需要更换全网设备，这会带来极高的资金成本和时间成本。

就 IPv6 的研发与试验网来讲，早在 2004 年，中国教育和科研计算机网（CERNET）就与美国的 INTERNET2（第二代互联网）连通。虽然我们起步较早，但由于各种原因，实际上早期我国并没有集中力量发展 IPv6。现在美国、德国、比利时、印度等所有互联网大国 IPv6 的用户已经超过 30%，各种应用不断丰富。IPv6 已经成为互联网发展大趋势，所以 2017 年 11 月中国共产党中央委员会开始大力推动 IPv6 的规模化应用，并要求所有的政府机关先行推动 IPv6。

5G 与 IPv6 的关系

虚拟现实、无人机、自动驾驶，在这些炫酷的热门技术背后，都能看到 5G 移动通信系统的身影。5G 网络已成为当前主要的无线通信网络之一，5G 网络的理论下行速度为 10Gb/s（相当于下载速度 1.25GB/s），手机用户在不到 1s 的时间内即可完成一部高清电影的下载。听起来很棒，但 5G 是无线网络，只是解决了本地无线连接的问题，若是异地下载，需要有基础互联网的支撑，并不是像有些人想象的有了 5G 就不需要下一代互联网（IPv6）了。

5G 是面向 2022 年以后人类信息社会需求的新一代移动通信网络，与 4G 相比，是为了满足智能终端的快速普及和移动互联网的高速发展，以及未来万物互联的需求。

5G 技术在新的发展中会逐渐形成自己的特点。

（1）更加注重用户的体验，提高和改善通信网络的传输速率。

（2）完善和健全网络，实现多点、多面、多用户，提高系统性能。

（3）技术将实现无处不在的无线信号覆盖，优化系统的设计目标。

（4）充分利用高频段频谱资源，实现普遍广泛应用。

（5）可灵活化地配置5G网络，相关通信运营商可根据实时的流量动态调整网络资源，降低成本和消耗。

可以看出，5G从移动通话逐步发展成为移动通信，主要解决本地无线连接问题，而IPv6是下一版本的互联网协议，通过5G连接互联网的设备需要通过IPv6定义其IP地址。另外，5G网络的传输速度与理论上的IPv6协议下（DWDM）的大带宽传输速度不在一个量级上。如果我们用路网来做比喻，那么5G是胡同和小街道，IPv6是主干道，车辆（各类信息）从小路汇集到主干路。

5G网络已涵盖多个领域，移动互联网、物联网、工业互联网、云计算、大数据、人工智能等新兴领域对地址空间、安全性、移动性和服务质量都提出了新的要求，从传统的动态IP变成固态IP十分必要。而IPv6从设计之初就充分考虑了移动性的需求，还同时考虑了网络侧和应用侧的需求，可以满足物联网在安全性、可靠性和服务质量方面的需求。IPv6将是5G和物联网的基础协议，可以极大地提升网络效率。人们通过5G技术可以实现超快的移动互联网速，通过IPv6巨大的地址资源可以给每个智能设备分配一个专属地址，从而高效支撑相关领域的发展，

不断催生新技术和新业态，使我们的生活更加信息化、智能化和便捷化。⊖

第2节 互联网发展新阶段

物联网

物联网作为新一代信息技术的重要组成部分，频繁进入人们的视野，很多国家已经将发展物联网产业上升为国家战略。在我国，物联网的发展已被列为信息产业发展的下一个战略制高点，有望成为国民经济的重要助推器。伴随着物联网越来越快的发展，与其相关的技术和安全问题也被日益重视。

1. 物联网的定义

物联网在国际上又称传感网，由美国麻省理工学院研究员凯文·阿什顿（Kevin Ashton）于1999年提出。物联网实质上是通过传感器和移动互联设施，依托互联网的传输能力，将用户端延伸和扩展到物体与物体之间，进行信息交换和通信的一种网络概念。物联网是互联网的扩展应用。

物物相连的物联网是互联网发展到一定阶段的产物。通俗地讲，世界上的万事万物，小到手表、钥匙，大到汽车、楼房，只要嵌入一个微型感应芯片，就可以实现智能化，这个物体就可以"自动开口说话"，再借助于无线网络技术，人们就可以和物体

⊖ 参见李志民撰写的《关于移动通信5G与互联网协议第六版IPv6的关系》，发表于2018年的《中国教育网络》第7期。

"对话"，物体和物体之间也能"交流"，这就是物联网。[一]物联网是互联网＋传感器或控制器的网络，以感知为前提，融合了智能感知、识别技术，普适计算等通信感知技术，以及人工智能、大数据、云存储等新兴科技，实现了人与物、物与物全面互联，真正实现了现实、虚拟的有效融合。

互联网将世界上的人连接起来，满足的是人与人之间的交流需求。物联网则将世界上所有的物品联系起来，实现物品间的信息交流。物联网相关的技术主要有 RFID（无线射频识别）、传感、无线通信、云计算、数据融合和互联网等。

2. 物联网的应用

我们可以从两个层面解读物联网的应用。

第一个层面，物联网的核心与基础仍是互联网，它是一种依托互联网进行延伸和扩展得到的网络。根据全球移动通信系统协会（GSMA）统计的数据显示，2010—2020 年全球物联网设备数量高速增长，复合增长率达 19%；2020 年，全球物联网设备连接数量高达 126 亿个，预测 2025 年全球物联网设备（包括蜂窝及非蜂窝）连接数量将达到约 246 亿个。

第二个层面，用户借助物联网可以实现任意物品与物品之间的交叉、关联，并进行信息交换、通信和控制，最终实现万物互联。

如 Nest 产品（Nest 已被谷歌以 32 亿美元收购）就是典范。Nest 温控器是具有自我学习功能的智能温控装置，通过记录用户的室内温度数据，智能识别用户习惯，并将室温调整到最舒适

（一）　参见深圳市中医院的专利《一种腹膜透析的诊疗数据自动标记方法》，申请（专利）号：CN202111580963.X。

的状态。例如，用户每次在某个时间设定了某个温度，它都会记录一次，然后经过一周的时间，它就能学习和记住用户的日常作息习惯和温度喜好，会利用算法自动生成一个设置方案，只要用户的生活习惯没有发生变化，就不再需要手动设置 Nest 恒温器。Nest 是最终达到"无人化"境界的典型产品。再如基于百度地图，可以实时收集整个城市的交通状况，通过分析之后对城市中某些区域的红绿灯的时间进行微调，用不同的策略就可以改善整个城市交通状况。

在成熟的物联网时代，将会有亿计的传感器被嵌入到现实世界的各种设备当中，如移动终端、智能设备、工厂机器、楼宇建筑等，无所不在的传感器将搜集、汇总来自世界各地的数据，并按照系统协定的优先级逐次安排、处理。据了解，早在 2013 年，就有多个国家提出"万亿传感器"计划，旨在通过数以亿万计的传感器来推动和提高整个社会的效率。

国际知名企业麦肯锡根据物联网在市场中的渗透率、人口、经济等变量的统计趋势变化以及未来十年间技术演变趋势，最终得出一个惊人的结论：预计到 2025 年，物联网有望实现年均 3.9 万亿～ 11.1 万亿美元的经济效益，其最高效益水平占比甚至可达 2025 年全球经济总量的 11%。

3. 物联网发展面临的问题

物联网及相关技术和安全问题引起人们的重视，这些都与物联网能否持续健康发展紧密相关。

物联网行业面临着一个极为现实的困境，在终端设备、通信（传感）功能基本健全的情况下，不同品牌之间的智能设备不能互联、共通。就当前的市场来说，苹果有 Homekit（指智能家居平台）、谷歌有 Brillo（物联网底层操作系统）和 Nest、微软有 Windows、三星有 SmartThings（智能家居开放平台）……它们各自有专属的内容服务系统，不同系统之下的互联网终端设备无法兼容。那么，一旦用户购买多家企业、品牌的终端产品，往往随之而来的是需要同时购买、学习、操控多个"智能系统"。

对于整个物联网产业来说，只有成功实现终端、通信和内容服务的搭建、整合与统一，才能真正成为引领时代发展的主力。而在这个过程中，对于众多品牌、企业，甚至国家而言，将充满挑战和机遇。⊖

我国政府大力支持物联网产业的发展，但真正投入大规模使用的应用项目并不多。企业对物联网产品的市场挖掘不够，低成本产品及物联网相关标准缺位等问题一直制约着物联网的发展及大规模商用。使得物联网产业看上去很美，听起来很高大上，但却因为暂时无法接地气，而一直萎靡不振。物联网产业要真正实现规模发展还需时日。

隐忧不能成为禁锢发展的理由，犹豫和彷徨只能是故步自封的借口。相信只要审时度势、冷静分析、战略决策、顺势而为，就必将快速推动物联网应用迈向更深、更广、更高的理想境界。

大数据

在这个数据时代，大数据（Big Data，BD）成为信息世界的

⊖ 参见范铁铭撰写的《你真的了解物联网吗》，发表于 2017 年的《计算机与网络》第 9 期。

基本元素，组成了互联网上纷繁庞杂的知识和数据资源。大数据经过挖掘工具的分析处理，可以为国家、企业、机构提供管理、运营的重要参考。大数据可以赋能科研中的离子对撞机运行产生的量子世界，也可以为避免和防范自然灾害提供预警，还可以为反恐提供信息。简而言之，大数据是互联网时代的重要资源。

1. 大数据概念的起源

1980 年，未来学家阿尔文·托夫勒（Alvin Toffler）将大数据称为"第三次浪潮的华彩乐章"。

2005 年，Hadoop（指一个由 Apache 基金会开发的分布式系统基础架构）项目诞生，从技术层面上搭建了一个可对结构化和复杂数据进行快速、可靠分析的平台。

2008 年起，"大数据"成为互联网信息技术行业的高频词汇。

2011 年，IBM 的沃森超级计算机每秒可扫描并分析 4TB 的数据量；同年，麦肯锡第一次全方面介绍和展望大数据。

2012 年，美国软件公司 Splunk 成为第一家上市的大数据处理公司。

2014 年，世界经济论坛以"大数据的回报与风险"为主题发布了《全球信息技术报告（第 13 版）》。

大数据从哪里来？大体可以简单概括为以下几个点。

（1）**物质世界数字化产生的数据**。例如一些医疗服务类网站将医生信息、门诊病人诊断信息等数字化，形成了大量网络医疗数据。

（2）**互联网交流不断产生的数据**。大量移动电子终端设备的出现提升了互联网信息数据制造的速度。

（3）**各种数据的积累、沉淀、保存产生的数据**。随着科技进步和时代变化，高性能存储设备日益发展普及，使越来越多的数据得以持续保存，形成越发庞大的数据集。^㊀

2. 大数据究竟指什么？

不同机构对"大数据"的定义大同小异。例如 Gartner 公司认为，大数据是需要配备新处理模式才能具有更强的决策力、洞察发现力和流程优化能力的海量、高增长率和多样化的信息资产。麦肯锡全球研究所认为，大数据是一种规模大到在获取、存储、管理、分析方面大大超出了传统数据库软件能力范围的数据集合。

概括起来大数据有以下 4 个特点：

（1）**数据体量巨大**。大数据的体量可以说达到了海量或天量。

（2）**数据类型繁多**。包括人类生活方方面面产生的数据。

（3）**处理速度快**。瞬间可从各类数据中快速获得高价值的信息。

（4）**数据动态变化**。不断有新数据加入，采用合理的数据模型和分析处理方法，将会带来很高的经济和社会效益。

究竟大到多少才算是大数据？从数字上说，2012 年时，互联网数据每天交换量已经从 TB（1024GB=1TB）级别跃升到 PB（1024TB=1PB）、EB（1024PB=1EB）乃至 ZB（1024EB=1ZB）级别。据国际数据公司（IDC）发布的白皮书《数据时代 2025》预测，未来数据增长速度惊人，全球的数据量将从 2018 年的 33ZB 增长到 2025 年的 175ZB。

㊀ 参见文正敏、孙昌盛合著的《大数据在城乡规划专业教学上的应用》，发表于 2017 年的《当代教育实践与教学研究》。

大数据的大小从 TB 到 PB 级别不等。然而，到目前为止，尚未有一个公认的标准来界定"大数据"的大小，数据价值才是大数据存在的意义。换句话说，"大"只是大数据的一个容量特征，并非全部含义。⊖

3. 大数据不但是重要国民资产，还是生产力

2016 年 11 月，笔者有幸当面请教数据库创始人、图灵奖得主 Micheal Stonebraker，他认为，大数据这个词事实上是一些做营销的人发明的。提到意义和价值，首先就要将大数据联系到企业组织与管理方面，对大数据的合理解析可以帮助他们降本增效，做出更明智的市场决策，进行精准营销与投资规划等。⊖

个体数据或简单的数据集合变为大数据，实现了价值方面"质的飞跃"。一方面数据成为资产。在传统定义中，资产分为有形资产和无形资产，数据资产是一种经企业交易或事项形成的、由企业拥有或者控制的、预期会给企业带来经济利益的资源。在信息化时代，无论是针对企业还是个人，都有很多案例可以证明数据是资产，是可以增值的。例如打车、外卖、网络购物、地图服务等，单个使用者的数据意义不大，但是当海量的使用者数据汇集之后，对于企业运营平台来说就会产生巨大的价值。也许，当我们逐渐习惯为数据本身付费，数据的价值体现在交易层面时，它作为资产的概念就更加有说服力了。

一般来说，数据资产是指由个人或企业平台拥有者控制的，

⊖ 参见网络文章《大数据是互联网时代的重要资源》，网址为 http://www.edu.cn/rd/special_topic/zbwjt/201601/t20160122_1360060.shtml。
⊖ 参见李志民撰写的《规避"溺亡"在知识海洋中的风险》，发表于 2017年 6 月 17 日的《中国教育报》。

能够为企业带来未来经济利益的，以物理或电子的方式记录并动态增加的数据资源。它是数字时代重要的资产形式之一。在农业社会和工业社会，资产主要是可度量的实物。实物资产可以分为动产和不动产，可以由自然人或法人占有。数据资产则是一种数据的集合，整体上来讲它是一种国民资产，而非个人、法人或国家资产，这种国民资产体现在它的整体性上。数据只有具备一定规模才能成为资产，一个人的数据构不成数据资产，而多数人的数据集合才能形成数据资产。企业运营平台不能独自占有数据资产的收益。正因为有这种属性，国家应该制定相应法规来保障国民资产的安全以及国民收益。

另外，大数据正在成为生产力。"生产力"一词最早是强调土地和人口对于累积财富的作用。英国经济学家李嘉图认为，生产力是各种不同因素的"自然力"，资本、土地、劳动都具有生产力。马克思系统建立和阐述了生产力的理论体系，生产力是具有劳动能力的人和生产资料相结合而形成的改造自然的能力。马克思在经典著作《资本论》中提出了生产力三要素，即劳动者、劳动资料和劳动对象。⊖

2020年，中国共产党中央委员会、中华人民共和国国务院发布《关于构建更加完善的要素市场化配置体制机制的意见》，首次将数据作为一种新型生产要素写入文件中，与土地、劳动力、资本、技术等传统要素并列。进入信息社会后，数据成为关键生产要素。数据要素的高效配置，已经成为推动数字经济发展的关键一环。

⊖　参见网络文章《释放数据生产力，建构数字经济新时代》，网址为 https://www.sohu.com/a/421830713_250147。

从本质上说，生产力就是人类创造新财富的能力。信息技术革命带来了智能工具的大规模普及，使得人类改造和认识世界的能力和水平达到了一个新的历史高度。不仅大量的体力劳动改由机器完成，数据生产力更是替代了大量重复性的脑力工作。于是，人类可以用更少的劳动时间创造更多的物质财富。在数据搜集、加工、分析、挖掘、配置过程中释放出的数据生产力，正在成为驱动经济发展的强大动能。

区块链

"区块链"一词近年来被频繁提及，一些前沿技术人员认为其是互联网发明以来最具颠覆性的新技术，解决了在无信任关系的互联网上传递信息或完成交易的难题。金融领域作为区块链的先行者一直在对其广泛宣扬，积极探索。作为一项新兴技术，区块链的价值究竟在哪里？这里从区块链的定义、特征、现实应用与挑战三个方面进行简要介绍。

1. 区块链的定义

区块链本质上是一个去中心化的数据库，是指通过去中心化和非信誉的方式集体维护一个可靠数据库的技术方案。从字面上看，区块链是由一个个记录着信息的区块连接起来组成的一个链条。从计算机语言角度来看，区块链是一个分布式数据库或账本，在计算机网络的节点之间共享。每一个区块都包含了前一个区块的加密散列、相应时间戳以及交易数据（通常用 Hash 树计算的散列值表示）。

"块和链"的存储结构示意

区块链是信息存储与共识的载体。早在远古时期，人类就学会使用绳结、刻痕来记载信息。1725 年法国人发明了打孔卡，随后演化为制表机，这就是 IBM 公司的前身。制表机的出现标志着半自动化处理数据的开始。区块链技术最早出现在 1991 年，可以理解为给数字文档打时间戳的打孔机。

2008 年 10 月，一个自称中本聪的人发表了题为《比特币：一种点对点的电子现金系统》的论文，阐述了基于 p2p（点对点）网络技术、加密学、时间戳技术、区块链技术等的电子现金系统的构架理念。随着第一笔比特币交易的成功进行，围绕区块链技术的开发和应用研究也呈指数式增长。需要指出的是，区块链技术是比特币的底层技术，区块链不等于比特币。

目前，区块链系统由数据层、网络层、共识层、激励层、合约层和应用层组成。

应用层	合约层	激励层	共识层	网络层	数据层	
电商购物	脚本代码	发行机制	PoW	分布式组网机制	数据区块	哈希函数
新闻浏览	算法机制		PoS	数据传播机制	链式结构	Merkle 树
视频观看	智能合约	分配机制	DPoS	数据验证机制	时间戳	非对称加密
┊			┊			

区块链系统组成示意

第一层：数据层，存储底层数据、非对称加密数据和时间戳等。

第二层：网络层，含有分布式组网机制、数据传播机制、数据验证机制等。

第三层：共识层，封装各类共识机制算法，确定记账方式，这关系到整个系统的安全性和可靠性。目前较为知名的由共识层封装的共识机制有工作量证明（PoW）机制、股份授权证明（DPoS，Delegated Proof of Stake）机制、权益证明（PoS）机制等。

第四层：激励层，包括区块链技术体系中使用的经济手段，包括经济激励的发行机制以及分配机制，多出现在公有链中。

第五层：合约层，封装区块链系统中的脚本代码、算法机制以及智能合约，帮助区块链灵活处理数据。

第六层：应用层，封装各种应用场景和案例，如电商购物、新闻浏览、视频观看等。[⊖]

2. 区块链的特征

从区块链的形成过程看，区块链技术具有以下特征。

（1）**去中心化**：区块链技术不依赖额外的第三方管理机构或硬件设施。因其结构是分布式存储结构，所以不存在中心点，也可以说各个节点都是中心点，各个节点都能实现信息自我验证、传递和管理。去中心化是区块链最突出、最本质的特征。

⊖ 参见网络文章《终于有人把区块链讲明白了》，网址为 https://blog.csdn.net/zw0Pi8G5C1x/article/details/113798270。

（2）**开放性**：区块链技术基础是开源的，除了交易各方的私有信息被加密外，区块链的数据对所有人开放，任何人都可以通过公开的接口查询区块链数据和开发相关应用，因此整个系统信息高度透明。

（3）**自治性**：区块链采用基于协商一致的规范和协议（比如一套公开透明的算法），整个区块链系统不依赖其他第三方，所有节点都能够在系统内自动进行安全验证、数据交换，不需要任何人为的干预。因此区块链将以往对"人"的信任改成了对机器的信任。

（4）**信息不可篡改**：信息通过密码学技术进行加密并存储到区块链中，这些数据会被永久保存，只要攻击者不能掌控全部数据节点达到或超过51%，就无法操控或修改数据。

（5）**匿名性**：除非有法律或规范要求，单从技术上讲，各区块节点的身份信息不需要公开或验证，信息传递可以匿名进行。^㊀

3. 区块链的现实应用与挑战

区块链的发展趋势是全球性的，英国已经把区块链列为国家战略，新加坡的中央银行在2015年就已支持一个基于区块链的记录系统。区块链技术在我国也受到了重视，并被正式列入中华人民共和国国民经济和社会发展第十三个五年规划纲要和中华人民共和国国民经济和社会发展第十四个五年规划纲要中。

国内，区块链在经历了创业项目一拥而上、四处开花的自发阶段后，迈入了国家队引领的正式研发阶段。在2020年开启试

㊀　参见百度百科上的词条"区块链"，网址为 http://baike.baidu.com/view/12641079.html。

点的数字人民币就采用区块链技术来保障交易的可信安全。

区块链因具有信息透明、不可篡改的特点，在金融领域得到深入应用。除此之外，区块链在医疗信息安全与隐私保护、高效便捷的版权保护、公共治理和投票等领域都有很好的应用前景，但是将区块链技术应用于具体行业会涉及诸多实体，要进行链上链下的有效协同，这会带来诸多技术难题。此外，随着用户数量、系统规模的不断增加，区块链吞吐量低、交易确认时间长、共识节点接入速度慢、存储资源浪费等问题愈发突出，区块链自身的底层技术也亟待进一步优化和拓展。

著名信息技术研究机构 Gartner 每年发布的技术成熟度曲线（Hype Cycle）显示，任何一项技术的发展必经过 5 个阶段：最初的兴起期，热炒的膨胀期，幻灭的低谷期，稳步的爬升期，以及成熟的实质产业期。云计算、大数据、虚拟现实等是这样，区块链技术也不例外。经过热炒之后的区块链技术，只有经过扎实的技术研发，才可能实现产业化，并进一步影响社会进步、经济发展，以及人们的生产生活，最终"飞入寻常百姓家"。[⊖]

云计算

1. 何为云计算？

云计算（Cloud Computing）是互联网时代一种新兴的商业计算模式，于 2007 年兴起。它将计算任务分布在大量计算机构成的资源池上，使各种应用系统能够根据需要获取算力、存储空

⊖ 参见孙毅等人撰写的《区块链技术发展及应用：现状与挑战》，发表于 2018 年的《中国工程科学》第 20（02）期。

间和各种服务软件。云计算不是一个工具、平台或者架构，而是一种计算方式，是一种资源交付和使用模式。云计算是一种按使用量付费的模式，这种模式提供可用的、便捷的、按需的网络访问，进入可配置的计算资源共享池（资源包括网络、服务器、存储、应用软件和服务），这些资源能够被快速提供，用户只关心应用的功能，而不必关心应用的实现方式。

云计算是分布式处理、并行处理和网格计算发展的产物，它的基本原理是让计算分布在大量的分布式计算机（而非本地计算机）或远程服务器中，用户能够将资源切换到需要的应用上，根据需求访问计算机和存储系统。

（1）**数据存储技术**：云计算系统由大量服务器组成，同时为大量用户服务，因此云计算系统采用分布式存储的方式存储数据，通过冗余存储保证数据的可靠性。通过任务分解和集群，用低配机器替代超级计算机来保证低成本。这种方式可保证分布式数据的高可用性、高可靠性和经济性。

（2）**数据管理技术**：云计算需要对分布的、海量的数据进行处理、分析，因此，数据管理技术必须能够高效地管理大量数据。云计算系统中的数据管理技术主要有谷歌的 GFS（分布式文件系统）、BigTable（分布式数据存储系统）、Map-Reduce（高性能并行计算平台）数据管理技术和 Hadoop 团队开发的开源数据管理模块 HBase（分布式的、面向列的开源数据库）。由于云数据存储管理形式不同于传统的 RDBMS（关系数据库管理系统）数据管理方式，如何在规模巨大的分布式数据中找到特定的数据，也是云计算数据管理技术必须解决的问题。同时，由于管理形式的不同造成传统的 SQL（结构化标准查询语言）数据库接口无法直接移植到云管理系统中来，目前一些研究正在关注为云数据管理提供 RDBMS 和 SQL 的接口。[○]

（3）**虚拟化技术**：虚拟化技术是指计算元件在虚拟的环境中运行，它可以扩大硬件的容量，简化软件的重新配置过程，减少软件虚拟机相关开销和支持更广泛的操作系统。通过虚拟化技术可实现软件应用与底层硬件相隔离。云计算包括将单个资源划分成多个虚拟资源的裂分模式，也包括将多个资源整合成一个虚拟资源的聚合模式。虚拟化技术根据对象可分成存储虚拟化、计算虚拟化、网络虚拟化等。

（4）**编程模式**：云计算提供了分布式的计算模式，客观上就必须有分布式的编程模式。云计算采用了一种思想简洁的分布式并行编程模型 Map-Reduce。Map-Reduce 是一种编程模型和任务调度模型，主要用于数据集的并行运算和并行任务的调度处理。在该模式下，用户只需要自行编写 Map 函数和 Reduce 函数即可进行并行计算。其中，Map 函数定义了各节点上的分块数据的处理方法，而 Reduce 函数定义了中间结果的保存方法以及最终结果的归纳方法。

（5）**平台管理技术**：云计算资源规模庞大，服务器数量众多且分布在不同的地点，同时运行着多种应用，如何有效地管理这些服务器，保证整个系统提供不间断的服务是巨大的挑战。云计算系统的平台管理技术能够使大量的服务器协同工作，方便地进行业务开通和部署，快速发现和修复系统故障，通过自动化、智能化的手段实现大规模系统的可靠运营。

○ 参见南京邮电大学蒯向春撰写的专业硕士学位论文《云网融合应用关键技术研究与设计》。

2. 云计算系统的主要特征

云计算系统具备以下六大特征。

（1）**超大规模**："云"端具有相当大规模的计算能力。谷歌云计算已经拥有 100 多万台服务器，Amazon（亚马逊公司）、IBM（国际商用机器公司）、微软、Yahoo（雅虎）等厂商的"云"均拥有几十万台服务器。企业私有云一般拥有数百上千台服务器。"云"能赋予用户前所未有的计算能力。

（2）**虚拟化**：云计算支持用户在任意互联网位置、使用各种终端获取应用服务。用户所请求的资源来自"云"，而不是固定的有形实体。应用在"云"中某处运行，用户无须了解，也不用担心应用运行的具体位置。[○]

（3）**高可靠性**："云"使用了数据多副本容错、计算节点同构可互换等措施来保障服务的高可靠性，目标是使用云计算比使用本地计算机可靠。

（4）**通用性**：云计算不针对特定的应用，在"云"的支撑下可以构造出千变万化的应用，同一个"云"可以同时支撑不同的应用运行。

（5）**可扩展性与按需服务**："云"的规模可以动态伸缩，满足应用和用户规模增长的需要；"云"是一个庞大的资源池，用户可以按需购买并使用。

（6）**价格低廉**：由于"云"的特殊容错措施，让其可以采用极其廉价的节点。"云"的自动化集中式管理使大量企业无须负担日益高昂的数据中心管理成本，"云"的通用性使资源的利

○ 参见柴懿晖的专利《一种用于金融分析的节点系统及其实现方法》，申请（专利）号为 CN202010327687.5。

用率较之传统系统大幅提升，用户可以充分享受"云"的低成本优势。[○]

3. 云计算的应用现状

（1）**谷歌的云计算平台**：谷歌公司有一套专属的云计算平台，这个平台最开始是为谷歌最重要的搜索应用提供服务，现在已经扩展到其他应用程序。谷歌的云计算基础架构模式包括 4 个相互独立又紧密结合在一起的系统：Google File System（分布式文件系统），针对谷歌应用程序的特点提出的 Map-Reduce 编程模式，分布式锁机制 Chubby 以及谷歌开发的模型简化的大规模分布式数据库 BigTable。[○]

（2）**IBM"蓝云"计算平台**：IBM 的"蓝云"计算平台是一套软硬件平台，可将因特网上使用的技术扩展到企业平台上，使得数据中心可使用类似于互联网的计算环境。"蓝云"大量使用了 IBM 先进的大规模计算技术，结合了 IBM 自身的软硬件系统以及服务技术，支持开放标准与开放源代码软件。[⊜]"蓝云"基于 IBM Almaden 研究中心的云基础架构，采用了 Xen 和 PowerVM 虚拟化软件、Linux 操作系统映像以及 Hadoop 软件。IBM 已经正式推出了基于 x86 芯片服务器系统的"蓝云"产品。

（3）**Amazon 的弹性计算云**：Amazon 是一家在线零售商，每天负担着大量的网络交易，同时 Amazon 也为独立软件开发人

○ 参见张锴撰写的《云计算技术研究与应用分析》，发表于 2020 年 5 月 28 日的《数码设计（下）》。

○ 参见储节旺撰写的《寄心海上云：云计算环境下的知识管理》，发表于 2013 年的《情报理论与实践》第 1 期。

⊜ 参见中国人民解放军信息工程大学宋斌撰写的学位论文《基于云计算的海量信息存储处理系统的设计与实现》。

员以及开发商提供云计算服务平台。Amazon 将自己的云计算平台称为弹性计算云（Elastic Compute Cloud，EC2），是最早提供远程云计算平台服务的公司。Amazon 将自己的弹性计算云建立在公司内部的大规模集群计算平台上，用户不必自己去建立云计算平台，节省了采购与维护设备的费用。用户可以通过网络界面去操作在云计算平台上运行的各种应用案例。用户使用应用案例的付费方式由用户的使用状况决定，即用户只需为自己使用的应用案例付费，运行结束后计费也随之结束。[⊖]

4. 云计算的未来发展趋势

对于云计算技术的未来，研究人员认为它很可能彻底改变用户使用计算机的习惯，使用户从以桌面为核心使用各项应用转移到以 Web 为核心进行各种活动。计算机也有可能退化成一个简单的终端，不用再像以前一样需要安装各种软件，同时不用再为这些软件的配置和升级费心费神。对 Web 数据集成、个人数据空间管理、数据外包服务、移动互联网以及隐私问题的研究都会成为未来云计算研究的重要组成部分。

云计算是比网格计算更高层次的一项技术，它的产业化会带来相关产品和软件开发方式和理念的升级。首先，云计算技术需要建立能提供丰富应用服务、丰富信息资源、用户信息私密保护和安全保障的"云"；其次，云计算技术还要求有能保证高效、安全、使用简易的"瘦"用户端设备；再次，云计算技术是建立在高速、稳定、低廉、基于应用的网络之上的，要求网络产品厂

⊖ 参见陈康等人撰写的《云计算：系统实例与研究现状》，发表于 2009 年的《软件学报》05 期。

商能够提供基于应用的服务保障和基于应用可供用户选择高速、稳定的相关产品。目前看来，云计算的发展前景虽然很好，但是未来发展面临的挑战也是不容忽视的。

（1）**数据安全问题**。数据的安全包括两个方面：一是保证数据不会丢失，二是保证数据不会被泄露和非法访问。如果数据出现丢失又没有备份，或者被泄露和非法访问，都会给企业和用户带来无法估量的损失。因此必须制定出有效的方案来保证数据的安全。

（2）**网络性能问题**。提高网络性能也是云计算面临的挑战之一。用户使用云计算服务离不开网络，但是接入网络的带宽较低或不稳定都会使云计算的性能大打折扣，因此要大力发展网络接入技术。

（3）**互操作问题**。当对云计算系统进行管理时，应当考虑云系统之间的互操作问题。当一个云系统需要访问另一个云系统的计算资源时，必须针对云计算的接口制定交互协议，这样才能使不同的云计算服务提供者相互合作，以便提供更好、更强大的服务。

（4）**公共标准问题**。目前，云计算还没有开放的公共标准，这给用户造成了许多不便。用户很难将使用的某个公司的云计算应用迁移到另一家公司的云计算平台上，这样就大大降低了云计算服务的转移弹性。因此，云计算要想更好地发展，就必须制定出一个统一的云计算公共标准。[⊖]

　⊖　参见李建卓撰写的《云计算及其发展综述》，发表于2010年的《宝鸡文理学院学报（自然科学版）》第3期。

软件定义网络

互联网已经让全世界紧密地联系在一起，连接已经成为一种常态，而连接的背后，离不开网络的支撑。然而，随着互联网爆炸式增长，以及各种实时业务，如视频语音、云数据中心和移动业务的迅速发展，用户对流量的需求不断扩大，人们突然发现，传统网络已经无法满足需要。究其原因，是封闭的网络设备内置了过多的复杂协议，增加了运营商定制优化网络的难度。SDN（软件定义网络）就是为了提供一个最大程度适应业务的网络构架，从根本上打破传统网络构架的局限性，最终为用户构建优质高效的网络。因此，可以说，SDN 让我们重新定义了网络。

1. 什么是 SDN

SDN 是 Software Defined Network 的缩写，翻译为"软件定义网络"，是由美国斯坦福大学 Cleanslate 研究组提出的一种新型网络创新架构。其核心技术 OpenFlow 通过将网络设备控制面与数据面分离开来，从而实现网络流量的灵活控制，为核心网络及应用的创新提供良好的平台。传统网络的世界是水平标准和开放的，每个网元可以和周边网元进行完美互联，而计算机的世界则不仅是水平标准和开放的，同时也是垂直标准和开放的，如从下到上有硬件、驱动、操作系统等。但和计算机相比，在垂直方向，从某个角度来说，网络是相对封闭和没有架构的，所以在垂直方向创造应用、部署业务是相对困难的。SDN 就是在整个网络的垂直世界让网络开放、标准化、可编程，从而让人们更容

易、更有效地使用网络资源。[⊖]

2. SDN 的优势

在互联网瞬息万变的业务环境下，网络的高稳定与高性能还不足以满足业务需求，灵活性和敏捷性反而更为关键。应运而生的 SDN，相对于传统网络，具有以下几方面的优势。

（1）SDN 是将网络设备上的控制权分离出来，由集中的控制器管理，让其无须依赖底层网络设备（路由器、交换机、防火墙），屏蔽了底层网络设备的差异。而控制权是完全开放的，用户可以自主定义任何想实现的网络路由和传输规则策略，从而使网络更加灵活和智能。

（2）SDN 可以将网络协议集中处理，这有利于提高复杂协议的运算效率和收敛速度，控制的集中化有利于从更宏观的角度调配传输带宽等网络资源，提高资源的利用效率。

（3）SDN 简化了运维管理的工作量，大幅节约了运维费用。

（4）SDN 的理念是控制与转发分离，让实施控制策略软件化，这有利于网络的智能化和自动化。

总之，SDN 将网络的智能从硬件转移到软件，用户不需要更新已有的硬件设备就可以为网络增加新的功能，不但降低了设备购买和运营的成本，还简化和整合了控制功能，让网络硬件变得更为可靠和通用，从而让人们可以更容易、更有效地使用网络资源。[⊜]

⊖　参见百度百科上的词条"软件定义网络"，网址为 https://baike.baidu.com/item/%E8%BD%AF%E4%BB%B6%E5%AE%9A%E4%B9%89%E7%BD%91%E7%BB%9C。

⊜　参见百度百科上的词条"软件定义网络"，网址为 https://baike.baidu.com/item/%E8%BD%AF%E4%BB%B6%E5%AE%9A%E4%B9%89%E7%BD%91%E7%BB%9C。

3. SDN 的应用

SDN 是为解决用户的问题而诞生的。SDN 网络能力开放化的特点，使得网络可以实现虚拟化、服务化，网络不再仅是基础设施，更是一种服务。同时，SDN 控制与转发分离的特点，使得硬件设备通用化、简单化，从而大幅降低了硬件成本。鉴于 SDN 的这些特点，从理论上说，SDN 会给每一个领域的互联网用户带来便捷并节省运营成本。

（1）**电信运营商**：电信运营商的网络具有覆盖范围大、复杂度高、可靠性要求高以及多用户多需求共存等特点。SDN 可降低电信运营商的硬件成本，实现网络的集中化管理和全局优化，实现网络能力的虚拟化和开放化，从而使电信运营商可发展更丰富、更节省成本的网络服务。

（2）**专用网络**：政府及企业的网络业务类型多，网络设备功能复杂，对网络安全性要求高。SDN 不但可以使专用网络节省硬件成本，而且可以使其简单化，层次更加清晰。同时，SDN 可以实现专用网络的集中管理与控制，以及专用网络的安全策略集中部署和管理。

（3）**数据中心互联**：数据中心之间的互联网具有流量大、突发性强、周期性强的特点。SDN 因具有转发与控制分离、控制逻辑集中，以及网络虚拟化、开放化的特点，所以可帮助实现通过部署统一控制器，收集各个数据中心之间的流量需求，进行统一计算和调度，从而最大程度优化网络，提高资源利用率。最典型的成功案例是谷歌已经在其数据中心之间应用了 SDN 技术，使广域线路的利用率从 30% 提升到接近饱和。

4. SDN 的争议

SDN 走向真正成熟的商用需要一个漫长的过程。当下，无论是国内还是国外，SDN 商用都仅处于初级阶段。虽然 SDN 的作用很大，但它的应用推进却步履维艰。SDN 产品密集发布，但敢于买单的用户却寥寥无几。运营商网络的 SDN 改造悉数启动，但传统行业用户却只会旁观，国内围绕 SDN 的开发者生态圈也一直没有正式形成。一边是产业界、学术界的积极推进，一边却是 SDN 商用的不被接受，虽然 SDN 是互联网中的技术明星，但不幸却成了"雾中花"。究其原因，可以归纳为两点：一是技术上的不成熟，尽管 SDN 正推动着给业务为主导的控制器开放标准接口，但目前它还不具备在大规模网络中迅速切换流量的能力；二是用户观念的固化，作为技术的最终使用者，用户更容易接受那些可以直接带来效益的技术理念。在 SDN 的发展初期，传统用户注定难以成为"吃螃蟹者"。

任何新事物被接纳都有一个过程，SDN 亦然，转变已经发生了。在 SDN 推进初期，一些人曾认为 SDN 是一种"颠覆"，与传统网络的建网模型、商业模式格格不入，这种思路确实给用户造成了一些困扰。但现在业界已达成了新的共识，即在继承传统经典网络优势的基础上体现 SDN 的价值，在商用实践上必须将新旧耦合的复杂问题留给技术的提供者而非用户。目前，SDN 越来越聚焦，越来越实用化，没有人再去讨论 SDN 的定义和架构，而是聚焦于验证 SDN 的可行性。SDN 正在经历一个从"虚"到"实"的过程。SDN 是一件有意义的事，相信经过业界的努力，SDN 最终会把开放、简单、敏捷留给用户，带来互联网的再次升级。

人工智能

1. 何为人工智能

人工智能（Artificial Intelligence，AI）是通过机器对人的意识、思维的信息过程进行模拟。人工智能不是人的智能，是机器表现出的智能，是指机器能像人那样思考、工作，也可能超过人的智能。

近几年比较热门的汽车无人驾驶技术，多属于人工智能的研究领域。人工智能属于计算机学科的一个分支，是研究让计算机来模拟人的某些思维过程和智能行为（如学习、推理、思考、规划等）的学科，主要包括计算机实现智能的原理、制造类似人脑智能的计算机，使计算机能实现更高层次的应用。[一]人工智能是一门研究、开发用于模拟、延伸和扩展人的智能的理论、方法、技术及应用系统的新的工程技术科学。[二]人工智能通过研究人类智能的过程，以求生产出一种新的能做出与人类智能相似反应的智能机器。人工智能研究的领域包括机器人、语言识别、图像识别、信息处理和专家系统等。[三]

人工智能是一门极富挑战性的学科，通过研究人类智能活动的规律，构造具有一定智能的人工系统，让计算机去完成以往需要依靠人的智力才能胜任的工作，也就是研究如何应用计算机的

[一] 参见杨晓光、王倩共同撰写的《巧用算法，精准预测员工离职》，发表于 2022 年的《人力资源》第 2 期。

[二] 参见《人工智能必修课开进郑州二中》，发表于 2018 年 05 月 25 日的《郑州日报》（版次：05 版）。

[三] 参见合肥林夏智能科技有限公司专利《一种基于人工智能的短信数据监测保护方法》，申请（专利）号为 CN201811393322.1。

软硬件来模拟人类某些智能行为的基本理论、方法和技术。[一]

人工智能研究的范围已远远超出了计算机科学的范畴，涉及自然科学和社会科学中很多学科，如计算机科学、心理学、语言学和行为科学等。随着人工智能理论和技术的日益成熟，应用领域也将不断扩大，未来人工智能带来的科技产品将会越来越像人类自身。

2. AlphaGo 为何能够战胜顶级围棋手？

2016 年 3 月 9 日至 3 月 15 日，全球关注的"人机大战"，由顶级围棋手李世石与谷歌计算机围棋程序 AlphaGo（常称为阿法狗）进行对弈，结局是李世石以 1∶4 输了。

AlphaGo 搅起的波澜似乎远胜 IBM 的"深蓝"等前辈。因为它的难度完全不同，国际象棋的下法可以穷尽，围棋的下法几乎不可以穷尽。比赛后，舆论众说纷纭，其实，无论谁输谁赢，对于大众来说，这一场比赛最大的收获莫过于完成了人工智能的大众科学普及工作，从而带来人们对于自动驾驶和人工智能的广泛兴趣，并且逐渐相信机器独特的判断力。

AlphaGo 为何能够赢得比赛呢？

2013 年，谷歌以 4 亿英镑收购了 DeepMind 这个仅有 50 多人的小公司，谷歌结合自己已有的深度学习技术，计算能力飞速提升，研发出了 AlphaGo。AlphaGo 的主要工作原理是"深度学习"。深度学习的概念源于对人工神经网络的研究，深度学习是指机器通过深度神经网络，模拟人脑的机制来学习、判断、决

[一]　参见浙江工业大学陈峥的硕士学位论文《教育信息化 W 公司营销策略优化研究》。

策，已经被广泛应用于许多领域。

谷歌的研究人员在 AlphaGo 的程序中搭建了两套模仿人类思维方式的深度神经网络。第一种叫策略网络，它让程序学习人类棋手的下法，挑选出胜率较高的棋谱，抛弃明显的差棋，使总运算量维持在可以控制的范围内。另一种叫价值网络，主要用于减少搜索的深度，它不会一下子搜索一盘棋所有的步数，而是一边下一边进行未来十几步的计算，这样也就大量减少了计算量。[⊖]

AlphaGo 根据深度学习的原理练习下围棋，具体做法是先给 AlphaGo 输入 3000 万步人类围棋大师的走法，让 AlphaGo 自我对弈 3000 万局，积累胜负经验，制定策略网络，给出落子选择。AlphaGo 在自我对弈的训练中形成全局观，并对局面随时作出评估，构成价值网络，修正原落子选择，最终给出最优落子位置。

人可以疲劳和走神，但机器不会。

3. AlphaGo 为何没有实现四连胜呢？

AlphaGo 与韩国棋手李世石进行五场交战。开始并不被外界看好的 AlphaGo 取得首胜，并连胜三轮，在第四轮时才败给了人类。AlphaGo 为何没有实现四连胜呢？

因为在 AlphaGo 与李世石的对决中，李世石可以快速适应对战状态，而 AlphaGo 在学习的过程中还需要工程师进行调试。连谷歌都表示，此次选择围棋只是测试其能力，未来谷歌希望打造一个通用智能系统，用于灾害预测、风险控制、医疗健康和机器人等复杂领域。

⊖ 参见詹媛撰写的《人工智能是魔鬼还是天使？》，发表于 2016 年 03 月 12 日《光明日报》（版次：10 版）。

我们需要明确的是，AlphaGo 并非人工智能的全部。学术界将人工智能分为两种——弱人工智能和强人工智能。我们迄今仍处于弱人工智能时代。

从产业链调研的情况来看，服务机器人、车载与电视助手、智能客服以及图像处理等应用已经开始快速渗透，在语音识别等领域获得了广泛应用，比如 iPhone 的语音助理"Siri"、百度的"度秘"、科大讯飞的"灵犀"、微软的"小冰"等。强人工智能则是让机器真正像人类一样进行思考和决策，目前的典型例子都在科幻电影里。[⊖]

4. AlphaGo 是怎样学会下围棋的呢？

机器学习的方法主要分为三种：监督学习（又称有约束学习）、半监督学习（又称半约束学习）和无监督学习（又称无约束学习）。

监督学习指利用一组已知标注类别的样本调整分类器的参数，使其达到所要求性能的过程。具体来说就是给机器一堆有标记的数据，让机器学习后推测出新的未知信息。代表方法为神经网络、SVM（支持向量机）、Nave Bayes（朴素贝叶斯）、KNN（最邻近规则分类）和决策树等。[⊜]AlphaGo 采用的就是神经网络的学习方法。

机器学习的进一步提高就是半监督学习，半监督学习是介于监督学习和无监督学习之间的一种机器学习，它可利用少量的标注样本和大量的未标注样本进行训练，以得出新的信息。这是现

⊖　参见陶春撰写的《一道题难倒 AlphaGo：请问从弱人工智能到强人工智能，还有多远？》，发表于 2016 年的《中国教育网络》第 4 期。

⊜　陶春撰写的《一道题难倒 AlphaGo：请问从弱人工智能到强人工智能，还有多远？》，发表于 2016 年的《中国教育网络》第 4 期。

在正在研究并兴起的一种机器学习方法。

无监督学习是机器学习研究者的最高追求。无监督学习指设计分类器时，不给样本参数任何标签，让机器自行分析处理，目标便是让机器学会自主学习。现在多家公司以及研究者正在对某些有限的非监督式学习进行实验。

尽管 AlphaGo 学习下围棋属于机器学习方法的低级阶段，但 AlphaGo 的学习能力给未来创造了更多的可能性。

5. 人工智能还处在弱人工智能阶段

自从 2016 年 AlphaGo 战胜李世石之后，人工智能产品便基于深度学习和算法优化在不停地更新迭代。自 2016 年 12 月 29 日出现在多个网络围棋对战平台上之后，Master 便展现出惊人的实力，2017 年 1 月 4 日晚，人工智能机器 Master 与人类顶尖高手对决的战绩达到了 60 胜 0 负 1 和。人工智能连续战胜人类棋手，引起了人工智能很快会在其他领域打败人类的热议。但实际上，人工智能仍然处于初级阶段，就当下的科技成就而言，要赶上人类本身的智能还有很长的路要走。

Master 之类的产品目前仍处在弱人工智能阶段。弱人工智能只能在专用的、受限制的轨道上越算越快，越走越强。比如机器下围棋、国际象棋等，其基本原理就是在人类设计好的训练内容中进行"布局与决策"，通过大量学习过往棋局、与棋手对弈、包括自己与自己对弈这样的训练，实现棋力的突破。弱人工智能只有在这些规则清晰、容易量化、可计算的领域具有优势，由于机器不会疲劳，机器会做得比人要好，因此，在这些方面机器会超越人类。

人工智能下棋的第一步是搜索最优选项，第二步是决策，在这个过程中，系统可能会选择人类记忆中并不存在的棋路。诸如Master这样的"下棋能手"，它们只是在规则清晰的条件下的优秀信息处理者，无法在非监督学习情况下，自主发展一段程序来战胜围棋大师。弱人工智能机器不能成为对信号和数据意义的理解者，无法真正理解接收到的信息，也无法拥有发展出意识的潜能。

人工智能在短期内战胜不了人脑。围棋这种对弈，人类的走法可以靠超级计算准确预知，因此计算机可以选择最优走法来见招拆招。而在现实中，人类面临的事物并非单一目标，随时可能出现完全不一样的新情况，这是一个一个完全未知的对战，人工智能的超级运算能力无法预知人类面临的所有问题。AlphaGo下棋能赢，是因为人类给它事先设定好了策略和运算模式，你临时让它给你端杯水或唱支歌试试？突然发生火警，它能像人一样救火或者逃跑吗？显然做不到。大多数情况下，人类应对和处理问题都是靠经验和直觉，这一点恰恰是计算机不具备的，要学习人类的计谋，计算机还要花很长时间。

无监督学习的突破可以使机器做到自由模仿人的行为。但是从目前的研究能力看，其突破在短期内难以实现。

6. 脑机接口仍然处于科学幻想阶段

2020年8月，埃隆·马斯克和其研究人员通过"三只小猪"对在猪脑中植入脑机接口设备进行了在线直播，这再次激发了人们对脑机接口技术的热情和期待。一时间，各种神乎其神的宣传报道在网络和朋友圈中出现，仿佛能够存储和提取记忆的"超级人类"很快就会降临。遗憾的是，脑机接口目前在一些核心问题上还缺少基本科学理论的支撑，更难在关键技术方面取得突破。

人们对脑机接口最深刻的印象莫过于《黑客帝国》高潮部分崔妮蒂通过脑机接口瞬间学会了直升机的驾驶技术。目前而言，还不具备脑机接口成功的条件，它依然处于科学幻想或者说商业噱头的阶段。当然，我们鼓励在这方面展开探索。

什么是脑机接口？

脑机接口（Brain-Computer Interface，BCI）一般意义上的概念是在人或动物脑（或者脑细胞的培养物）与外部设备间建立的直接连接通路。按照接入方式分为侵入式和非侵入式，按照传输模式分为单向和双向。在单向脑机接口中，计算机要么接受脑传来的命令，要么发送信号到脑（例如视频重建），但不能同时发送和接收信号。而双向脑机接口允许在脑和外部设备间进行双向信息交换。[⊖]

简单来说，脑机接口就是将大脑信号转换为机器可识别的信号，实现对机器的有效控制；同时将外部设备信号转换为大脑可识别的信号，从外部对大脑进行直接干预。这说起来简单，想实现却很难，这体现在以下三个方面。

（1）能不能实现脑机接口取决于脑科学、神经科学的根本性突破，但实际上，人类对大脑以及神经元、脑信号传输的机理还没能完全搞清楚，整体上脑科学的研究还处在猜想和起步阶段。如果连这些都没有搞明白，脑机接口技术实际上相当于空中楼阁，无源之水。

（2）自然人的意识、认知和智力过程是否就等同于脑（电）

⊖　参见百度百科上的词条"脑机接口"，网址为 http://baike.baidu.com/view/6772705.html。

信号？目前所有脑科学的"研究成果"都是基于对脑信号的计量，所以这其实是一个很关键的问题。宇宙中存在的暗物质、暗能量等很有可能在人类的意识、认知和智力的构建中起作用。脑机接口的基本逻辑是脑（电）信号等同于意识，甚至等同于认知和智力。人类在这方面存在认知局限。

（3）人类的智慧是否可以通过学习实现？这是值得商榷的。现在所谓的人工智能是依靠对大数据、大图片和大数学方程的深度学习实现的，是靠自然人的智能改进算法以提高对事物的管控范围和精度。事实上，知识是可以学习或者说灌输的，但智慧往往要通过感悟、共情等人类复杂感情累积而成。文艺复兴时期的法国哲学家蒙田曾经说过：我们可以凭借别人的知识获得知识，却不能借助别人的智慧获得智慧。

除了这些挑战，脑机接口技术的安全风险也不容忽视。比如，在电极植入、信号输入或输出的过程，都有可能造成脑部神经伤害，而脑电波信息收集和使用，有可能涉及对个人隐私的侵犯等，更不用说接踵而至的伦理危机了。

7. 说说火热的 ChatGPT

2023 年 ChatGPT（Chat Generative Pre-trained Transformer，聊天预训练生成模型）火爆网络，一时间，很多人都在谈论它，并尝试与之对话。ChatGPT 由美国 OpenAI 公司开发，能够用几种不同的语言回答问题或根据使用者的请求提供信息，还能够与人进行对话或讨论相关问题，并提供人性化的文本。不久后，ChatGPT 又升级至 GPT-4、GPT4o，它们功能更强，可以提供图片、视频生成服务等。

近 20 年来，人工智能研究不断取得新成果。但是，以往的人工智能仅具有展示或表演的价值，新突破的技术仅掌握在少数公司或个人手里，冲击的也是少数人和个别产业。ChatGPT 是人人可用、行行有用的信息助理。尽管 ChatGPT 现在还会出现错误或不准确的情况，但随着其迭代升级，功能将会逐渐强大，成为人人可以随时调取的基础信息工具，也必然会带来对各行各业巨大的冲击。有研究人员称，ChatGPT 的问世，可以类比为台式计算机或互联网的发明，对人类的影响之大难以估量。[○]

在 GPT 大模型研发不断升级的同时，对人工智能研究伦理的争议也成了热点。2023 年 3 月，AI 领域顶尖专家和图灵奖得主约书亚·本吉奥、特斯拉首席执行官马斯克等千人联名签署公开信，呼吁暂停开发比 GPT-4 更强大的 AI 系统至少 6 个月，称其"对社会和人类构成潜在风险"。不过，OpenAI 的创始人兼首席执行官阿尔特曼没在这封公开信上签名。在公开信发布后的第二天，阿尔特曼表示，要实现通用人工智能繁荣的未来需要以下三个条件：

（1）技术上拥有对齐超级智能的能力。

（2）大多数领先的通用人工智能模型之间可以实现充分协调。

（3）存在有效的全球监管框架，包括民主治理在内。

在最近一次访谈中，阿尔特曼明确表示 GPT-4 是基于人类已有知识根据要求对内容的再组织，它没有意识，没有人类智慧，除非你把机器推理等同于意识。

GPT 大模型的研发成功，是人类在知识和信息处理方面的

○ 参见李志民撰写的《ChatGPT 本质分析及其对教育的影响》，发表于《中国教育信息化》2023 年 03 期。

重大进步，今后各行业或领域会陆续出现自己的专业 GPT 应用。事实上，ChatGPT 和 GPT-4 只是自然人单方提问，不是真正的自然人双方对话。它不是一个真正的人，只是一个计算机程序，是一个强大的信息处理工具。目前仍处于弱人工智能的初级阶段，距离机器有知觉、有自我意识、可以独立思考问题并制定解决问题的最优方案甚至有自己的价值观和世界观体系的强人工智能相差十万八千里。

人类运用科学知识发明了先进技术，极大地改善了人类物质和精神生活条件。对新技术、新工具，人们往往高估其对未来近一两年的影响，又往往低估其对未来十几年的影响。虽然科技给我们的生活和工作带来不少方便，改变了我们的生产和生活方式与节奏，但科技并不是万能的。科学发展水平决定技术进步程度，科学并非空想，要有可靠的理论方法、严谨的逻辑推导和精准的实验验证。

8. ChatGPT 与搜索引擎的区别

ChatGPT 和搜索引擎是人们在信息获取和交流中常用的两种工具，ChatGPT 是一种基于人工智能技术开发的聊天机器人，而搜索引擎是一种在互联网上搜索信息的工具。尽管它们都可以依托互联网提供信息获取和交流服务，部分功能重合，但在很多方面存在着明显的区别。

（1）ChatGPT 是一种交互式的人工智能应用程序，旨在通过与用户的对话来回答问题和提供服务。ChatGPT 采用了深度学习和自然语言处理的技术，通过大量的训练数据来学习自然语言的语义和上下文，能够理解自然语言并生成相应内容。ChatGPT 可以根据用户的需求提供个性化服务，逐步优化回答的准确性和适应性。它的目标是模拟人类的交流方式，回答用户的问题、提供建议和解决问题。

相比之下，搜索引擎是一种被动的工具，它可根据用户提供的搜索关键词，从互联网上现有的大量网页中搜索和匹配相关的信息。搜索引擎使用特定程序定期抓取互联网上的网页，并对它们进行索引和分类。当用户在搜索引擎中输入关键词时，搜索引擎会对索引的网页进行匹配和排序，并从中选取最相关的网页作为搜索结果展示给用户，用户自行阅读和分析获取所需信息。

（2）ChatGPT适用于用户有特定问题、需要个性化服务或寻求针对性建议的场景。ChatGPT的交互性使得用户能够更直接地与机器进行对话，得到更具体和个性化的反馈。而搜索引擎的优势在于它的广度和全面性。搜索引擎通过索引互联网上的大量网页和信息，能够提供广泛的搜索结果，适用于一般的信息查找和广泛的学习需求。

这两者的另一个区别是在信息的获取方式上。ChatGPT的交互性使得用户能够更直接地与机器进行对话，并获得个性化和具体的反馈。而搜索引擎则将用户提供的关键词作为输入，根据匹配算法找到相关的网页，并将网页的标题和摘要等展示给用户。用户需要自行分析和筛选这些搜索结果，以获取他们需要的信息。

此外，ChatGPT和搜索引擎在可信度和准确性方面也存在一些差异。由于ChatGPT是基于训练数据和模型生成回答，因此它可能会因训练数据的质量和模型的局限性，对内容的理解产生一定的错误。相比之下，搜索引擎的搜索结果通常基于网页的相关性，尽力提供准确和可信的信息。

ChatGPT 和搜索引擎在响应速度方面也存在差异。由于 ChatGPT 需要进行对话交互和生成回答，其响应速度可能更慢。而搜索引擎可以在短时间内返回大量的搜索结果，用户可以根据需求和兴趣选择信息。

综上所述，ChatGPT 和搜索引擎在工作原理、工作方式、适用场景和结果可信度等方面，特别是在信息获取方式和响应速度等方面存在明显的区别。ChatGPT 通过人机交互利用机器学习技术生成回答，可提供个性化服务，能够回答用户的问题和提供特定的建议。而搜索引擎则适用于广泛的信息查找场景，可根据关键词匹配和网页索引的方式提供互联网上已有的相关网页和资源，返回相关的网页作为搜索结果。当选择使用哪种信息工具时，用户应根据需求和目的进行权衡和选择。

9. ChatGPT 对职业发展的影响

有媒体报道，在教育领域，纽约一些高校已经下令禁止学生使用 ChatGPT，并且开始调整作业的形式，如降低论文的比重，以规避学生用其来作弊。

事实上，任何符合人类伦理要求的新技术发明和应用都会提高效率和效益，使人类的生活质量、文明程度提高。当然也会带来人们对职业发展的担心、焦虑。历史经验表明，新技术发展往往会提升职业层次。ChatGPT 只能提供咨询等服务，它只是一个工具，而不是一个工作岗位，合理使用工具可以提高效率和效益。职业消亡的因素很多，技术发展只是其中的一个因素，即便旧的职业消亡了，肯定会有新的职业产生。我们完全没有必要担心和焦虑，只有夕阳的技术，没有所谓的夕阳产业。只要保持积极向上的心态，不断学习，接受新事物，一定会有一个光明的未来。

大语言模型特别适合政府机构。从某种意义上来讲，政府的绝大部分工作都在大语言模型的有效范围内，或者说，有些文职人员本身就是一个"人肉"ChatGPT。技术不一定能立刻打败你，但会使你的未来变得不可预测。

ChatGPT 短期内对咨询行业、政府文职人员影响最大，如果没有执业资格要求的话，对律师和医生职业影响也会很大。另外，ChatGPT 还会不断迭代完善，目前它生成的咨询报告、律师意见、治病建议等只是模板，仅供参考，不承担法律责任。不承担法律责任的 ChatGPT 只会对工作有帮助，目前不会取代任何职业。

ChatGPT 对教育的影响主要体现在高等教育阶段。中小学阶段主要任务是对基础知识的培养，这对每个人来说都是必需的，具有一定的知识储备是人类开展工作的必要条件。知识是个人的核心素养，也已经成为现代社会的核心资源，创新创业要靠知识驱动。ChatGPT 出现后，教育应侧重于提高学生的创造力和思辨性思维，而不是简单的知识灌输。在高等教育阶段，要尽快教会学生正确使用 ChatGPT，依靠其强大的知识组织能力，提高学习和研究效率，提高高等教育质量。教育工作者必须彻底改变知识灌输式的教学传统，以培养学生超越人工智能能力的创造性思维。ChatGPT 可能影响教育评估和评价，学校可能不得不改变考验知识点的方式，改为采用创新评估方式，特别是那些可以发挥创造力和需要思辨性思维的评估方式。

对于新事物的产生，大众主要有悲观威胁论与乐观颠覆论两种反应。持前者观点的，已经发表了大量文章，冠以"ChatGPT可能导致的几类失业"等标题，强调 AI 与人类的对立，引发普通民众的恐慌情绪。其实大可不必如此悲观。纵观人类历史上的数次科技进步，便会发现人类的适应力远超科技的进步速度。人类文明进化的过程就是不断提升生产力、迭代生产工具的过程。拖拉机问世时，也有人说农民将被替代，虽然农民的绝对数量是下降了，但富余的劳动力去承担其他社会分工，演化为白领、蓝领等，进一步提高了社会发展水平。机械臂被发明后，流水线工人将被淘汰的言论也一度引发热议，而现实是工人驾驭了机械臂，提高了自身的技术价值，这也反映在近年来不断上涨的工厂用人成本上。历史教育我们，人的韧性远远大于自身想象，科技最终都会成为工具，为我们所用。

　　当然，也有人持乐观态度，认为 ChatGPT 是颠覆性的创造，将大大改变人类社会的形态。至于所谓的"颠覆性"，指的是人工智能可以改变传统的工作模式，比如在教育领域，将使得课堂教学、课外辅导、考试评估等方面都发生变化。在某些情况下，它甚至可以影响教育的内容和目的。然而，这种影响和挑战是否是颠覆性的，取决于我们如何利用人工智能来改善职业。在这个方面，重要的是继续探索和发展人工智能，同时充分考虑人们的需求和期望，并确保人工智能在各个领域得到有效和合理的使用。⊖

10. 人工智能的研究路径和发展途径

北京大学黄铁军教授为 2018 年图灵奖获得者、卷积神经网

⊖　参见李志民撰写的《ChatGPT 本质分析及其对教育的影响》，发表于《中国教育信息化》2023 年 03 期。

络之父 Yann LeCun 的自传写的序中有发人深省的地方。

黄教授在文中写道："人类智能是地球环境培育出的最美丽的花朵，我们在为自己骄傲的同时，也要警惕人类中心主义。地球不是宇宙的中心，人类智能也没有类似的独特地位，把人类智能视为人工智能的造物主，曾经禁锢了人工智能的发展。沉迷于寻求通用智能理论，将是阻碍人工智能发展的最大障碍。"这个思想基本上贯穿全文，也是非常值得深思的部分。

对于智能的定义，黄教授认为，智能是系统通过获取和加工信息而获得的能力。智能系统的重要特征是能够实现从无序到有序（熵减）、从简单到复杂演化（进化）。生命系统是智能系统，也是物理系统，它既具有熵减的智能特征，也遵守包括熵增在内的物理规律。人工智能是智能系统，和人类一样也是通过获取和加工信息而获得智能的，只是智能载体从有机体扩展到一般性的机器。像人可以分为精神和肉体两个层次（当然这两个层次从根本上密不可分）一样，机器智能也可以分为载体（具有特定结构的机器）和智能（作为一种现象的功能）两个层次，这两个层次同样重要。

人工智能的传统研究路径有符号主义、连接主义和行为主义。

（1）符号主义有过辉煌，但不能从根本上解决智能问题，一个重要原因是"纸上得来终觉浅"，即人类抽象出的符号，源头是身体对物理世界的感知，人类之所以能够通过符号进行交流，是因为人类拥有身体。计算机只能处理符号，所以不可能有类人感知和类人智能，人类可意会而不能言传的"潜智能"，不必或不能形式化为符号，这也是计算机不能触及的。要实现类人乃至超人智能，就不能仅依靠计算机。

（2）连接主义采取自底向上的路线，强调人工智能是由大量简单单元通过复杂连接后并行运行并得到结果，基本思想是：既然生物智能是由神经网络产生的，那就通过人工方式构造神经网络，再训练人工神经网络产生智能。它的困难在于不知道什么样的神经网络能够产生预期智能，因此大量探索最终归于失败。20世纪80年代神经网络曾经兴盛一时，掀起本轮人工智能浪潮的深度神经网络只是成功个案。

（3）行为主义是第三条路径。生物智能是自然进化的产物，生物通过与环境以及其他生物之间的相互作用发展出越来越强的智能，人工智能也可以沿这个途径发展。这个学派在20世纪80年代末90年代初兴起，近年来颇受瞩目的波士顿动力公司的机器狗和机器人就是这个学派的代表作。行为主义遇到的困难和连接主义类似，那就是不能确定什么样的智能主体才是"可塑之才"。

黄教授认为，展望未来，人工智能的发展途径有三条。

（1）**继续推进"大数据＋大算力＋强算法"的信息技术方法，得到信息模型**。收集尽可能多的数据，采用深度学习、注意力模型等算法，将大数据中蕴藏的规律转换为人工神经网络的参数，这实际上凝练了的大数据精华，可以为各类文本、图像等信息处理应用提供共性智能模型。

（2）**推进"结构仿脑＋功能类脑＋性能超脑"的类脑途径，得到生命模型**。把大自然亿万年进化训练出的生物神经网络作为新一代人工神经网络的蓝本，构造逼近生物神经网络的神经形态芯片和系统，站在人类智能肩膀上发展机器智能。

（3）通过"强化学习＋物理模型＋算力"的自主学习途径，

得到自主智能模型。这条技术路线的核心是建立自然环境的物理模型，通过强化学习训练自主智能模型。例如，通过构造地球物理模型训练出的人工智能系统能够适应地球环境，与人类共处共融；通过构造高精度物理模型（例如基于量子力学模型构造出粒子、原子、分子和材料模型），可以训练出能够从事物理学和材料学研究的人工智能；通过构造出宇宙及其他星球的物理模型训练出的人工智能则有望走出地球，适应宇宙中更复杂的环境。

从以上研究路径和发展途径看，不能过分夸大现阶段的人工智能，AI 只是众多科研方向的其中之一，是计算机科学的一个分支。当前的人工智能还只能说是由自动控制向自动化的升级，本质上还是人的智能。

所以我们应该去思考：人工智能没有解决的是什么？智能的形成机制是什么？有没有脑科学和神经科学的可靠理论支撑？智能仅仅是算法吗？搞清楚这些问题，我们就不会在恐慌之中做出非理智的判断。

VR 与 AR

1. VR

VR 是近几年资本市场热炒的"元宇宙"概念的核心支撑技术之一，那么这到底是一项什么技术？

VR 是 Virtual Reality 的缩写，一般翻译为虚拟现实，是 20 世纪发展起来的一项囊括计算机、传感器、仿真学、人类心理学、生理学等学科，为使用者提供多信息、三维动态、交互式的仿真体验的全新实用技术。其基本实现方式是通过计算机来构建虚拟环境从而给人以环境沉浸感。

顾名思义，虚拟现实就是虚拟和现实相互结合，但重点是虚拟。从理论上讲，VR是一种可以创建和体验虚拟世界的计算机仿真系统，若将其称为模拟现实技术则更容易理解。其本质是利用现实生活中的数据，通过，与各种输出设备结合，将计算机技术产生的电子信号转换为能够让人们感受到的景象。这些景象可以是现实中真真切切存在的物体景象，也可以是现实世界中并不存在的通过三维模型表现出来的物体景象。

从技术原理上看，VR主要是利用了人类眼睛的视差。人看周围的世界时，由于两只眼睛的位置不同，得到的图像略有不同，这些图像传递至大脑皮层，就形成了一个关于周围世界的整体景象。这个景象中包括了距离远近的信息。在VR系统中，双目立体视觉起了很大作用。用户的两只眼睛看到的不同图像是分别产生并显示在不同的显示器上的。比如一只眼睛只能看到奇数帧图像，另一只眼睛只能看到偶数帧图像，奇、偶帧之间的不同让人产生了立体感。

VR技术自诞生以来不断发展，已经广泛应用于教育、医疗、工程、军事、航空、航海、影视、娱乐等方面。譬如，大型工程或军事活动VR预演可以大幅度减少人力、物力投入。在航空领域，航天飞行员在训练舱中面对屏幕进行各种驾驶操作，模拟舱外场景的屏幕图像随之变化，飞行员可得到真实的训练感受。这种使人置身于仿真环境的方式已经在飞机模拟训练中应用了几十年。而在教育领域，通过VR技术可以帮助学生打造生动、逼真的学习环境，使学生通过真实感受来增强记忆，相比被动性灌输，利用 VR 技术来进行自主学习更容易让学生接受。

在"元宇宙"的话语体系下，VR 更多还是用于游戏场景，今后有可能用于社交场景。

虽然 VR 的应用前景非常广阔，但作为一项高速发展的技术，其自身的问题和瓶颈也随之渐渐浮现。

（1）**硬件的局限**。带上一个庞大的头盔或者厚重的眼镜本身就不是一件很舒适的事情，但目前为了达到基本的感知效果，硬件设备还无法做到轻便，这大大局限了移动性和减少了便捷性。

（2）**软件的局限**。受硬件局限性的影响，VR 软件开发花费巨大且效果有限，相关的算法和理论也尚不成熟。另外在新型传感机理、集合与物理建模方法、高速图形图像处理、人工智能等领域，都有很多问题亟待解决。

（3）**体验的局限**。部分用户使用 VR 设备会产生眩晕等不适之感，这也造成体验不佳的问题。部分原因是清晰度的不足，还有一部分原因是刷新率无法满足要求。据研究显示，14K 以上的分辨率才能基本使大脑认同，但就目前来看，国内所用的 VR 设备远达不到"骗过"大脑的要求。⊖消费者的不舒适感可能会影响 VR 技术未来的发展与普及。

从当前的技术来看，VR 是否是通往"元宇宙"的最佳技术路径依然存疑。即便不说真实感、延迟性这些暂时无法解决的问题，长时间沉浸在虚拟场景中如何不被生理排斥，目前还是一个很难跨越的门槛，尚需技术层面的关键性突破。

⊖　参见百度百科的词条"虚拟现实"，网址为 http://baike.baidu.com/view/591818.html。

2. AR

很多公司经常会把 AR 技术与 VR 技术一起作为 "元宇宙" 核心支撑技术，那么 AR 到底是一项什么技术呢？

AR 是 Augmented Reality 的简称，一般翻译为增强现实或者扩展现实，最早于 1990 年提出。这是一种将真实世界信息和虚拟世界信息 "无缝" 集成的新技术，其目标是在屏幕上把虚拟世界套在现实世界并进行互动。

从技术原理上看，这是一种通过实时计算摄影机影像的位置及角度并添加相应图像的技术。AR 流程首先是通过摄像头和传感器对真实场景进行数据采集，并将采集到的数据传入处理器进行分析和重构，再通过头部显示或智能移动设备上的摄像头、陀螺仪、传感器等配件实时更新用户在现实环境中的空间位置变化数据，从而得出虚拟场景和真实场景的相对位置，实现坐标系的对齐并进行虚拟场景与现实场景的融合计算，最后将合成影像呈现给用户。

用户可通过 AR 头显设备或智能移动设备上的交互配件，如话筒、眼动追踪器、红外感应器、摄像头、传感器等采集控制信号，并进行相应的人机交互及信息更新，实现增强现实的交互操作。其中，三维注册是 AR 技术的核心，即以现实场景中二维或三维物体为标识物，将虚拟信息与现实场景信息进行对位匹配，即虚拟物体的位置、大小、运动路径等与现实环境必须完美匹配，达到虚实相生的地步。⊖

AR 技术由于具有能够对真实环境进行增强显示输出的特性，

⊖ 参见杭州赛鲁班网络科技有限公司专利《一种基于混合现实技术的训练系统及其方法》，申请（专利）号：CN202010564401.5。

在医疗研究与解剖训练、精密仪器制造和维修、军用飞机导航、工程设计和远程机器人控制等领域，具有比 VR 技术更加明显的优势。比如在医疗领域，医生可以利用增强现实技术进行手术部位的精准定位；又比如在工业维修领域，通过头盔式显示器可将多种辅助信息显示给用户，包括虚拟仪表的面板、被维修设备的内部结构、被维修设备零件图等。

AR 技术的应用领域非常广泛，比如现在的地图实景路线导航，在支付宝中集五福扫福时出现的动画效果，以及美图、抖音等视频拍照应用在脸部添加的动画和美颜功能等。游戏和娱乐也是 AR 最显而易见的应用领域。AR 系统可以立即识别出人们看到的事物，并且检索和显示与该景象相关的数据。

因此，如果说 VR 是为了创造一个新的虚拟世界，那么 AR 就是为了扩展或者增强我们所在的现实世界。前者重点是虚拟，后者着眼于与现实交互。AR 与 VR 的本质区别在于和现实世界交互的多少和人在虚拟世界的感知度。如果用户完全是在虚拟世界获得感知，那就是 VR。如果是在真实世界并借助虚拟世界的规则和场景来与真实世界交互，那就是 AR。再进一步讲，VR 不会对现实世界产生影响，AR 有可能对现实世界施加影响。

4

第4章 | CHAPTER

元宇宙猜想

2021 年初，"元宇宙"概念横空出世，催热了资本，燃爆了市场。有人把它作为炒作的噱头，有人断言元宇宙是互联网发展的终极形态，有人认为元宇宙是"人类自救的诺亚方舟"。但沿着信息技术发展的脉络审慎看待，所谓元宇宙不过是互联网展示平台的高阶形式，是从最初的计算机空调机房到家用计算机（即个人电脑）、智能手机再到 VR 头盔和 AR 眼镜之后的产物。

如果把 1969 年斯坦福大学和加州大学洛杉矶分校之间的计算机首次连接作为开端，互联网至今才 50 多年的历史。对照数百万年的人类进化史，以及数千年的人类文明史，这个短时间诞生的虚拟世界"元宇宙"值得我们关注和研究。

用发展的眼光看，元宇宙并不神奇，正如十几年前热炒的"物联网"等技术一样。我们在畅想未来美好生活的同时，不妨从哲学层面思考元宇宙与我们真实的宇宙之间的关系如何表达，网络空间（数字空间）如何描述，在虚拟的时空维度如何纪元和纪年，数字资产保障与交易涉及的道德、伦理、法规约束等问题如何解决，这可以帮着我们理性看待元宇宙的发展，务实推进元宇宙技术的应用。

第 1 节　从科学幻想开启的"元宇宙"

元宇宙（Metaverse）在近几年受到瞩目，一些公司据此编造出很多新概念、新名词，"开发"出不少新产品。

"元宇宙"这个词据说最初是由科幻小说家尼尔·斯蒂芬森在 1992 年的小说《雪崩》中创造出来的，它指的是通过物理现实、增强现实和虚拟现实在线上空间的融合，是人为创建的一个让人可以沉浸在其中的、栩栩如生的虚拟世界，它如此复杂、有用、令人信服，以至于很难将它严格地归属于"现实世界"。"元宇宙"的概念如今已成为许多互联网公司建立独立社区的依据。《纽约时报》曾介绍说，一些公司和产品已越来越多地纳入了元宇宙式元素，包括 Epic Games 的《堡垒之夜》《罗布乐思》(Roblox)《集合啦！动物森友会》(Animal Crossing: New Horizons) 等。

Facebook 的扎克伯格野心很大，他说元宇宙是一个跨越许多公司、涵盖整个行业的愿景。你可以视之为移动互联网的后继者。这当然不是仅靠一家公司就能建立起来的东西，但 Facebook 下阶段的很大一部分精力都会导向这个领域，通过与众多公司、创作者和开发者合作，为元宇宙的构建做出贡献。

很多人认为元宇宙主要是关于游戏的，娱乐显然是其重要组成部分，但扎克伯格认为它不是仅可用于游戏。扎克伯格认为这会是一个持久且同步的环境，让我们可以相聚一堂，元宇宙可能类似于今天的社交平台的某种混合形式，但同时，它会是一个能让人置身其中的环境。你可以将元宇宙视为一个能置身其中的互联网，你不仅能通过它查看各种内容，还能成为它的一部分。你能仿佛置身别处，与他人顺畅互动。你能获得各种难以通过二维应用或网页实现的体验，例如跳舞或不一样的健身方式。

现代科学产生于 400 年前，在发展的过程中，不断有新的假说、新的学科产生，并不断更新、淘汰原有的理论，发现新规律。400 年来，伴随着人类社会发展，科学研究的层次不断复杂，产生了科研管理和组织方式并逐渐演变。但基本假设一直未变，那就是物质世界是客观的、无意识的，自然规律不受人的主观意志影响。量子科学现象最近在社会上广受关注，有人就把量子纠缠与"意识"相关联，这本身就偏离了自然科学的基本假设。"薛定谔的猫"只是有关猫生死叠加的思想实验，是把微观领域的量子行为扩展到宏观世界的思维想象中，并非真实实验。

科技发展到今天，基本上还是处在不断地提高人类认识物质世界的层次上。今天我们称为科学的人文学科和社会学科，在很大程度上属于经验积累和总结，所谓的理论只不过是对具体案例或组织形式的解释而已。人类正在开始试图认识人类自身，生命科学才刚刚起步，医学也是来自反复试验和经验积累，可靠的理论并不多。而且以认识物质的经验和方法来认识生命，把有情感有意识的生命当作无情感意识的物质去研究，可能这本身就走入了歧途。科技仅对认识和改造物质世界有效，不要空想科技改变一切。

第 2 节　从幻想到猜想的"元宇宙"

2021 年 10 月 28 日，扎克伯格宣布 Facebook 改名为 Meta，这一消息引发各界关注，人们疑惑的是：转向"元宇宙"的 Facebook，社交媒体平台如何改变？但扎克伯格的目标非常清晰：社交媒体平台要超越民族边界，建立加密金融体系，重构人类组织。这是不是说明元宇宙真的到了商业化的地步了？

2021 年，"元宇宙"莫名其妙就火起来了，这主要体现在以下三个方面。

（1）**时间上毫无征兆**。任何产业或行业的重大改变，都是技术上逐步积累的结果，是有明显征兆的。然而当前的 VR 和 AR 技术早已经失去了神秘感，还经历了 2013 年到 2016 年的大肆炒作和 2016 年到 2019 年的市场寒冬。在网络水平、硬件技术、生物技术等至今依然没有重大突破的情况下，元宇宙概念的横空出世颇有些滑稽。

（2）**翻译上词不达意**。中文的翻译讲求"信达雅"，相比起来，比特币都比元宇宙的翻译要好，至少"币"字让我们知道这应该是某种货币。元宇宙源自英文 Metaverse 一词，由前缀 meta（Macquarie 词典中的解释为"之中、一起、其后、之后"，常常在科技词汇中表示变化）和词根 verse（源于 universe，即宇宙、天地万物、万象等）组成，于是人们就简单粗暴地将其翻译成元宇宙，让人完全摸不着头脑。"元宇宙"一词更像是为了哗众取宠而故弄玄虚。如果我们继续溯源，Meta 作为单词在信息技术领域中使用，其实是源于人工智能早期的核心人物，也就是曾经召集举办著名的达特茅斯会议（Dartmouth Meeting）的约翰·麦卡锡（John McCarthy），小说中所用的 Metaverse 中的 Meta 源于他发明的人工智能编程语言 LISP 中的 Meta Programed。

（3）**技术上并无创新**。很多科幻小说的伟大之处在于"想象和预见未来"，虽然有空想的成分，但对于科技发展却无疑具有思想实验和激活创新的意义，科幻小说《雪崩》无疑是其中的优秀代表之一。根据小说中的表述，"元宇宙"是一个与现实生活平行的世界，利用互联网（Internet）、AR、VR 等技术，将现实世界投射到虚拟世界中，现实中的人类在各种数字化技术的加持下在这个空间中可以跨越物理空间的束缚进行生活、娱乐、社交甚至冒险。由此可见，元宇宙基于是旧有的技术提出的概念，其本身在技术层面并无创新。

当前媒体和资本市场的报告千篇一律地沿用维基百科关于"元宇宙"的定义：通过虚拟增强的物理现实，基于未来互联网的，具有链接感知和共享特征的 3D 虚拟空间。根据小说原始定义以及维基百科的描述还出现了一些更"高大上"的描述，比如：吸纳了信息革命、互联网革命、人工智能革命，以及虚拟现实技术革命的成果；引发了信息科学、量子科学、数学和生命科学的互动，改变科学范式；推动了传统的哲学、社会学甚至人文科学体系的突破……但是，一家"元宇宙"概念股的官方说法却露了馅，该公司认为，一个真正的元宇宙产品应该具备以下八大要素。

（1）**身份**：你拥有一个虚拟身份，无论与现实身份有没有相关性。

（2）**朋友**：你在元宇宙当中拥有朋友，可以社交，无论在现实中是否认识。

（3）**沉浸感**：你能够沉浸在元宇宙的体验当中，忽略其他的一切。

（4）**低延迟**：元宇宙中的一切都是同步发生的，没有异步性或延迟性。

（5）**多元化**：元宇宙提供多种丰富内容，包括玩法、道具、美术素材等。

（6）**随地**：你可以使用任何设备登录元宇宙，随时随地沉浸其中。

（7）**经济系统**：与任何复杂的大型游戏一样，元宇宙应该有自己的经济系统。

（8）**文明**：元宇宙应该是一种虚拟的文明。

如果认真分析这八个要素会发现，除了低延迟，其他几个早就在网络游戏中实现了，而低延迟也仅是一种相对感受。难道这就是"元宇宙"？元宇宙无非还是在游戏和虚拟现实这个概念上打转转，技术上并无新意，这是赤裸裸的新瓶装旧酒。

我们相信，一定会有新技术、新模式能够超越智能手机和个人计算机，但是否是 AR/VR 就不定了。更可疑的是，早在 2014 年扎克伯格就砸下 30 亿美元收购 VR 明星企业 Oculus。之后至少投资了 20 家 VR 相关公司，尤其是 VR 游戏公司。2021 年 6 月，Facebook 收购了吃鸡类游戏《POPULATION: ONE》的开发商 BigBox VR，这让其麾下的顶级 VR 游戏工作室增加到了 5 家……在这里我们与其说扎克伯格有先见之明，倒不如说他是借由炒作新概念以提升之前投资的商业价值。毕竟，在人类有了股票等资本市场工具之后，金杯银杯都不如口碑，创造一个新技术不如引导人们相信一个新概念。新概念直接决定了资金的流向，扎克伯格等商业巨子深谙其理。

此外，我们目前能够看到的各种关于"元宇宙"的材料，基本上都是媒体、资本证券研究部门发布的各种报告，鼓吹"元宇宙"的队伍中基本上没有来自长期从事信息技术领域的研究人员。

真正的科研人员不预测未来，他们创造未来！

第 3 节　元宇宙或将存在于互联网发展的高级阶段

新技术促进人类文明迈向一个又一个新台阶，其根本动力源于人类对更高品质生活以及精彩生命的不断追求。任何产业或行业的重大改变，都是技术上逐步积累的结果，是有明显征兆的。靠目前的 VR/AR 难以承担起"元宇宙"之重。在人类所有的发明中，互联网对人类影响之大无法估量，就像当时蒸汽机和电的发明对人类的影响无法估量一样。有了互联网，我们有了物联网、云计算、大数据、区块链、SDN、VR/AR 等，这些技术或概念还会进一步充分发展，而且还会有更多新的技术、新的名词、新的概念等出现。

电被发明的时候，人们一定不会想象到未来会有电视台、电视机。电和电视的发展关系就像今天互联网和元宇宙的关系，元宇宙是建立在互联网基础上的，没有互联网就不会有元宇宙。互联网的发展是从一个低级阶段朝一个高阶段不断提升的。今天这个阶段我个人认为还处于信息互联的第一个阶段，主要解决了人类知情权平等的问题。互联网发展的第二个阶段已经起步了，我称之为消费互联阶段，这个阶段可为人类的物质生活提供方便。互联网再发展会上升到第三个阶段，这是生产互联的阶段，主要服务于人类的就业和事业发展。互联网发展的第四个阶段是智慧互联的阶段，主要是帮助人类实现对知识和精神生活的追求。

互联网最终会发展成为生命互联，满足人类健康长寿的愿望。我们今天说的元宇宙，可能在互联网发展的某一个阶段以某种形式体现。互联网正在改变着我们行业的形态，互联网也改变了我们生活、工作的方方面面。

人类文明从农业文明到工业文明，包括物质文明和精神文明两种形态。物质文明是有形的，精神文明是无形的。以信息技术为基础的数字经济推动着人类从工业文明迈向数字文明，深刻影响着人们的价值观念、人文精神和生活方式。数字文明是数字时代物质文明和精神文明相协调的重要体现。

从发展的角度看，元宇宙或许就是数字文明的一个聚合平台。数字文明高度发展的前提是身份认证和资产确权。首先是个人和社会团体的身份认证，确认数字资产的属性和产权归属，明确交易规则，在这个过程中要有契约与合同，要有保障交易运行的法律，还要有与数字文明相关的政治、政权、文化、伦理、安全等治理体系。

第4节　元宇宙背后的互联网进化与数字文明时代

我们该如何理解元宇宙的概念？元宇宙的出现以什么为标志？它与我们的现实物质世界之间到底是什么关系？它将经历怎样的发展过程？这些在当下可能无法给出标准答案，但我们可以从物质世界人类文明的演进大致看出端倪。

物质世界的人类文明起始于对财产的占有和保护意识。动物世界中，两只蚂蚁争夺一块面包、两只猎豹争夺一块肉，遵循的都是弱肉强食的丛林法则。在个人拥有私有财产之后，才让人类告别了丛林法则，财产权是文明社会的保障。互联网发展到今天，已经产生大量数据资产，而且数据资产处于权属不明确和弱肉强食的状态，资产价值的创造者难以享受应得权益，大量本属于国民资产的数据被网络平台垄断且不当得利。去除炒作因素，我们理解当下所讲的元宇宙是一个沉浸式的虚拟空间，用户可在其中进行文化、社交、娱乐活动，但其核心在于对数字资产和数字身份的承载，即明确数字资产的属性分类与归属，这也是信息时代文明的基础保障。

明确了数字资产的属性和权利人，市场交换和分工协作才会成为可能，这时候就需要有代币，合同制度和交易规则也就成为必需品，这是文明社会契约精神的体现。还必须要有法律来保障合同交易的正常履行，法治水平越高，网民的权利保障越充分。

制定相关法律就会有代表不同利益的派别进行政治博弈。这些都是建设数字文明或者说是建设元宇宙要逐步解决的问题。

有了这样的类比，我们就可以看出元宇宙不仅需要硬件与软件的共同构建，还需要很多新技术作为支撑，包括防身份篡改、数字货币监管、公平交易规则、数字法律保障等，因此它的发展过程将是漫长的。而 Web3.0 正是其必经之路，它是构建元宇宙的底层技术基础。

Web3.0 时代将是分布式理念大显神威的时代。凯文·凯利在《失控：机器、社会与经济的新生物学》中系统阐述了分布式的理念。他从研究蜂群开始，逐渐延伸到自组织、生态圈、工业生态、网络经济、电子货币和人工进化，成功预言了当今的热门技术，包括人工智能、虚拟现实、云计算、物联网、大数据以及数字货币等。

Web3.0 是我们分析元宇宙概念的重要钥匙。在互联网技术和应用中，分布式理念的普及打破了中心化巨头的垄断，极大地鼓励了个人价值的发挥，使我们的生活更加便捷，个人的隐私得以有保障，日常的信息交互也变得安全。

随着信息技术的不断发展，我们生活中所有重要领域，从工作方式、社交方式、娱乐方式到身份认同都进入数字化时代。通过类比物质世界人类文明可以发现，元宇宙并不是一种简单的虚拟，而是把真实世界虚拟化，让真实更真实，让虚拟更虚拟，让真实虚拟化，让虚拟真实化。在真正的元宇宙时代，互联网对人类生活不仅是全渗透，更是重度改变我们的生活。

也有分析认为，再持续 10 ～ 20 年，我们就将进入元宇宙时代。那时对我们来说，或许数字世界要远比物理世界更重要，因为那时我们的虚拟生活将比我们的现实生活更重要。

对于元宇宙的理解，仁者见仁，智者见智，但无论如何互联网的发展和演进不会就此到达终点。随着数字世界与现实世界的边界愈加模糊，以及数字与现实身份的互融，人类将会面临道德、法律甚至技术上的全新挑战，而这也将迫使我们重新审视和解决要面对的问题，并推动整个网络空间再次进化，使之真正成为人类发展进步和文明延续不可或缺的疆域空间。

第5节 元宇宙时代的数字时空再造

站在人类数字文明时代的路口，或许1万个人有1万个元宇宙的解读。也正是因为元宇宙概念的不确定性，以及影响的超广泛性，我们有必要对元宇宙的一些基本问题进行深挖，有必要从哲学视角进行探讨。其中，关于元宇宙的时间和空间，就是一个值得研究的基本问题。

宇宙的哲学定义为：宇宙因存在而存在，因存在而为物，故宇宙表现为存在，体现为物。哲学上的宇宙，指所有的时间、空间、物质等一切存在事物的统称，是物质的整体，是物理学和天文学的最大研究对象，又称世界。

时空是永恒的哲学问题

在现实世界中，物质的存在和运动映射出时间和空间，时间和空间的依存关系表达着事物的演化秩序。时间和空间是不可分割的，三维立体空间再加上时间就是四维时空，这是构成现实宇宙的基本结构。恩格斯说："一切存在的基本形式是空间和时间，时间以外的存在像空间以外的存在一样，是非常荒诞的事情。"

在中国古代哲学思想中，关于宇宙观有不少精彩的论述。如老子提出"道""域"，《墨经》有"久""宇"，惠施有"大一""小一"，更精辟的则据传是尸佼提出的"四方上下曰宇，往古来今曰宙"，由此可见宇宙就是时间和空间的统一。

时间和空间是社会事实的存在形式和人们认识社会事实的基本框架，只有在时空关系中才能对社会现象形成清楚认识。比如，人们需要定义出一个时间尺度，这个尺度是确定事件发生先后的依据。人们也需要定义出空间坐标，利用这个坐标来描述不同物体的方位、距离等。

暂且不论今后如何，至少目前物理界主流认可的大爆炸宇宙论学说给出了时间、空间和万物的起点，这个理论下的时间尺度可以一直向前推到宇宙大爆炸，向后推到宇宙结束，其间又有不同的纪元和纪年方法。而空间坐标可以大到整个地球、太阳系和外太阳系等，也可以小到尘埃的所在和微观粒子的运行，尺度小到纳米、微米大到光年等。

时空知识体系溯源

人类的时空知识体系是逐步积累的，最早来源于古代人们的日常生活，根植于对日月星辰的观测和记录。太阳每一天东升西落，月亮每个月阴晴圆缺，农作物播种与收成，天长日久就进化出了春种、夏管、秋收、冬藏的四季概念，也逐步形成了"天地四方"的空间观念。

不过，古人对四季的认识是逐步演变的，即先有春秋后有四季。有研究者提出，我国第一部编年史书《春秋》，为什么书名只包含了两个季节？是因为春天播下种子，秋天收获作物，古人的一年最初只被划分为春和秋两个季节，所以就用春秋指代一年。

在空间方面，同样也是先有"东西"而后有"四方"。在殷商武丁时期的甲骨文中，有几片完整记载着东、西、南、北四方名和四方风名，这意味着华夏民族的先民在商代中后期已经形成了"天地四方"的空间观念。而且殷人以四方为神灵，农作物年收成主要靠雨和风，而风雨来自四方，所以殷人求年祈雨要禘祭"四方"和"四方风"。

时空观念的科学发展

对时空观测的不断进步，指导着先民农业生产的发展，让人类逐步摆脱原始的采集狩猎经济，能够以农业耕种栽培方式为氏族提供稳定的食物来源。随着时代的发展和科技的进步，时间和空间更成为现代社会生产和生活的构成要素，社会时空不仅是建构社会理论的核心，也是理解现代社会的重要视角和方法。

从科学角度看，时间和空间都是绝对概念，是存在的基本属性，但其测量数值却是相对于参照系而言的。"时间"内涵是无尽永前，外延是各时刻顺序或各有限时段长短的测量数值；"空间"内涵是无界永在，外延是各有限部分空间相对位置或大小的测量数值。

空间和时间的依存关系一直被用来表达事物的演化秩序。人类为了适应社会的生产劳动、政治活动、社会生活等方面的需要，就必须对"宇"和"宙"对应的空间和时间的数量进行准确标识。无数事物的位置、长宽高及物质数量组成了宇宙的"宇"；无数的纪元、纪年及年月日时分秒组成了宇宙的"宙"。

元宇宙的时空之问

元宇宙的出现，显然需要打破原有的时空观，或者可以说元宇宙是对人类世界进行物理与数字的时空再造。

战国时期，庄子曾用"庄周梦蝶"的隐喻，告诉人们只有在精神世界中才能摆脱时间和空间的束缚，实现"逍遥游"的生存状态。但元宇宙与个人梦境完全不同，是基于社会体系构建的虚拟世界，需要以一定的时间和空间标准维系基本的秩序。

在网络世界，如何理解时间？现实世界的时间是基本特征，有循环规律，如有公元纪年，有春夏秋冬的四季轮回，有年月日时分秒的循环递进。那么，网络世界的时间又该遵循什么规律？建构什么体系？网络纪元标志如何选定？要不要以标志性事件为纪元起点？如阿帕网的诞生、TCP/IP的诞生或万维网的诞生？

在网络世界，又如何理解空间？随着网络空间内涵和外延的不断扩大，网络空间的概念已被泛化。网络空间与数字空间常被互用，但二者又有明显不同的侧重和逻辑。网络空间常常与网络安全、网络战争联系在一起，数字空间则更多与数字经济、数字社会的语境相适应。

我们可以这么定义数字空间：一个以互联网为基础设施，涵盖信息社会所有涉及比特转换技术，从不同层面描述经济、文化和社会等并具有价值路径的数字场域。那么，在这个数字场域中，有没有相应的上下四方？有没有位置坐标？有没有高低远近？有没有网络地图？

以上问题，可能短期内不会有精准答案，但我们不能停止对它的追问和思考。尤其对互联网研究者来说，在哲学层面的探索或许会成为某些关键性创新的支点。

第6节　元宇宙时代的数字财产权

随着互联网和信息技术的不断发展，人类从工作方式、社交方式、娱乐方式甚至身份认同都进入数字化时代。在此基础上出现的元宇宙，已不是一个简单的虚拟空间，而是基于道德和法律约束的数字生活空间，是人类文明的新形态。就像财产权是物质世界人类文明标志的开端一样，数字财产权的确立应该是元宇宙成为文明新形态的显著标志。

但是，对数字财产的确立，以及对数字财产权的保护，目前还在探索阶段。站在人类数字文明时代的路口，对元宇宙的数字财产权如何界定，又该如何保护，在技术上如何实现界定和保护，值得各界人士深入研究和进行相应的技术准备。

财产权的确立与人类文明的开端

在原始部落时代，个人是没有财产的。因为在自然面前，个人极其渺小，生命都可能朝不保夕，遑论对工具、食物和居所的固定拥有。部落群体的目标就是活下来，这个阶段可以认为个人是从属于部族的，个人就是部族的财产。

　　到了原始社会晚期，部族社会开始分化。部分先进的部落在狩猎和采摘过程中，尝试将富余的食物进行储备，开始积累部族的物质财产，逐步改变了原有的分配方式，使人从物中解放了出来，使个人从集体劳动中解放了出来，也使集体从自然中解放了出来。随着人的独立，以及个人一步步拥有了财产，个人财产权在此过程中得到了明确。当部族之间的人际物物交换从偶然行为变为经常行为，交换规则成为共识并且逐步完善，人类也由此进入了文明社会。

　　从物质世界由蛮荒向人类文明的演进过程中大致看出，人类文明萌芽于对财产的占有和保护意识，诞生于对个人财产分配规则的共识。在个人拥有私有财产之后，人类才开始告别丛林法则。在休谟、斯密、弗格森等苏格兰启蒙思想家看来，对财产权的认可标志着人类文明的开端。休谟认为，财产权是个人对财产的持续占有，需要得到社会的承认，涉及社会习惯、传统和利益。财产权的关键不在于人的自然权利，而在于财产的稳定占有，因此必须诉诸财产占有的正义规则，即人类为取得他人财产而达成的协议。

　　在某种程度上，我们可以认为人类的文明史也是财产权的诞生与演变史，因为财产权是文明社会的重要标志，或者说衡量一个社会的文明程度主要是看财产权在这个社会中受保护的程度。而财产权制度也是迄今为止发现的维持文明的最根本、最有效的手段之一。

无形资产与财产的边界

　　早期的财产权或物权，都是针对可以看见、可以触摸的有体物。早在罗马法时期，就存在"物即财产"的法律理念。实物在当时是财产的最主要表现形式，财产概念也都跟实物和有形资产相关联。

不过，古罗马法学家盖尤斯在其《法学阶梯》中也指出："某些物是有体的、实际的，而另一些物是无体的、理想的……'无体物'则是指那些不能触摸到的物，属于这种物的有法律中包含的诸如继承权、使用权、债权等，无论怎样，它们是被包括在法律中的。"

伴随着人类社会的不断进步和发展，财产的定义是在不断扩充的。随着科学技术对生产的促进作用日益突出，财产已经从有形财产扩充到有形财产＋无形财产，并且衍生出带有发明创造特征的专利属性。此时，财产权已经扩充为物权、债权、知识产权的复合体。相应地，法律对于上述无形财产的保护都在与时俱进，进一步推动了科学技术的进步。

然而，互联网带来了财产权保护的新问题。互联网发展到今天，已经产生了大量数字资产，如数字货币、数字藏品、商品化的账号与道具，以及重要的数据信息等。这些数字资产是不是在财产保护的范畴内？这些由网民投入时间、精力甚至财力而产生的数字资产，虽然存在于虚拟世界，但其具有一定的价值，应该列入财产保护的范畴。

数字财产规则应尽快脱虚向实

我国《民法典》第一百二十七条规定："法律对数据、网络虚拟财产的保护有规定的，依照其规定。"虽然这条法律条文明确了法律对数字财产的保护，但仍属于模糊处理的抽象规定。由于数字财产保护相关的法律极少，目前，网民、网络平台、单位团体、政府部门等法律主体的数字财产权实际上处于无法可依和难以界定的状态。所以，关于数字财产权的法律规则需要尽快脱虚向实，通过立法程序予以补充。数字财产权的确立才是元宇宙真正的开端。

首先，是**解决数字资产开放的标准问题**。面对虚实交融的全新数字生活和数字社会，用户对其个人数字资产的高度拥有感，应是元宇宙场景持续运转的重要前提。相应地，这些数字资产应能够在多方平台自然无障碍地流动，而非封闭于某个大厂的某个平台，这也将是元宇宙场景发展的大趋势。这其实不是技术的打通问题，而是思路的开放问题，需要制定相应的技术标准。这不是一两个大厂自己能解决的，而是需要政府相关部门进行前瞻性预研，制定通用技术标准。

其次，是**清晰数字财产保护的基本边界**。前文介绍过，元宇宙的核心在于对数字资产和数字身份的承载，在元宇宙场景下，必须明确了数字资产的属性和权利人。

最后，就是**要尽快建立建全数字财产权的法律保障体系**。这也是更重要的。元宇宙必须用全新的法律和制度来制约大厂不断膨胀的野心和欲望，来保护个人和其他法律主体的数字资产和权利，推动数字时代人类文明的发展。但在法律实操层面，还有诸多空白需要填补，例如如何界定数字财产和财产权？如何对数字财产进行估价？如何追溯追缴数字财产？数字财产能不能作为遗产？该如何继承和保护数字财产？

数字时代呼啸而来，数字空间随之日渐清晰，元宇宙抛出来的问题也越来越多，让我们且行且思考。

第7节　元宇宙实现现实世界与虚拟世界的交互

现实世界的很多事物如今都在互联网上有了一席之地，数字世界与现实世界的边界正日益模糊。网络用户的数字身份与真实个体正在逐步交融，元宇宙也从之前的"火热爆炒"进入了理性发展阶段。作为由虚拟现实、物联网、人工智能等多种技术迭代与集合得到的产物，元宇宙有太多值得探讨的问题。接下来我们有必要深入思考元宇宙与现实世界之间该是一种怎样的关系。是克隆映射，分化延伸，还是虚实交融？

讨论元宇宙，首先绕不开数字孪生。相对专业的一种表述是：数字孪生是充分利用物理模型、传感器更新、运行历史等数据，集成多学科、多物理量、多尺度、多概率的仿真过程，在虚拟空间中完成映射，从而反映相对应的实体装备的全生命周期过程。通俗地说，数字孪生就是数字映射、数字镜像，即运用信息技术将现实世界中的事物对象和过程"克隆"为一个虚拟的数字模型。

不少国家和地区开展了利用数字孪生技术提高城市治理水平的实践。我国一些城市也相继进行了数字城市的探索，在交通、港口、停车场、体育馆管理方面取得了很好的应用效果。

数字孪生城市是智慧城市下一阶段建设的起点，也是未来智慧城市发展的愿景。数字孪生城市的实质就是将城市各方面数据通过摄像头、传感器等进行采集并上传到云端系统，构建出与实体城市相互映射的复杂巨系统，从而实现城市在物理维度和信息维度的协同交互、虚实交融、同生共存。我国"十四五"规划就明确提出，要探索建设数字孪生城市。

当然不仅是城市，数字孪生也将是助力乡村振兴数字化创新发展的重要载体。通过数字孪生技术，能在乡村振兴建设上通过汇聚全量乡村数据、融合多业务应用，构建实时实景数字乡村动态活地图，推动农业现代化、产业化发展，延伸和拓展农业数字化信息服务，助力数字乡村开启智慧化建设新篇章，为乡村振兴发展提供新动能。

在更细的颗粒度上，还有数字孪生校园、数字孪生社区、数字孪生工厂等。值得关注的是，当数字孪生在物理世界和虚拟世界之间架起了桥梁，元宇宙就有了连接现实和扩展边界的能力。数字孪生为人类迈向元宇宙奠定了坚实的基础。

可以说，在元宇宙的建设和演进过程中，数字孪生将持续、稳定地扮演着承上启下的核心角色，元宇宙也会因为数字孪生技术的不断发展而走向成熟，实现现实世界与虚拟世界的交互。

元宇宙空间与情感意识体验

在元宇宙时代，人类的情感交流和艺术欣赏得到了新的拓展和深化。元宇宙是一个虚拟的、多维度的数字世界，人们可以通过虚拟现实技术身临其境地体验各种情感和艺术作品。可以在元宇宙中创造和分享情感化的体验，加深人与人之间的情感联系。

这种全新的交流方式丰富了人们的艺术欣赏体验。例如举办虚拟音乐会、虚拟演唱会或者虚拟的艺术展览，让人们可以更直接感受和分享情感。此外，元宇宙也为人们提供了创作和分享自己艺术作品的平台，从而促进了个人创造和表达能力的发展。

在元宇宙时代，除了情感交流和艺术欣赏，人们的心理意识也需要得到关注。人们可以在虚拟世界中尝试和探索不同的角色和身份，从而深入了解和体验他人的感受和思想。这种身份的转换和心理意识的拓展能促进人们对多元文化的尊重和理解，并有助于建立更加开放和包容的社会。

在享受元宇宙带来的乐趣的同时，我们也需要注意元宇宙时代可能带来的心理健康问题。在虚拟世界中进行体验和交流时，我们需要区分现实世界和虚拟世界，保持对虚拟世界与现实生活的平衡和理性，避免迷失于虚拟的世界中。

元宇宙身份与数字分身

相比物理世界的数字孪生来说，人类社会更为复杂，因为人是有机的生命体，有自己的独立思想，有不同的社会身份。随着数字技术的不断发展，人类不可避免地开始向人际关系数据化、认知方式技术化、情感和价值观念等数字化方向发展。对应到元宇宙，这就是人的数字分身趋势。

数字分身，是指现实人在虚拟世界中创建的数字躯体，有着现实人的精神意识和思想表达，但在外形上却并非必须与现实人完全相同。

为什么不是"数字孪生"？从概念上讲，人在数字世界的映射与单纯的物理世界的映射不同，不必要也不可能像数字城市那样通过摄像头、传感器等设备将自己的躯体信息毫无保留地上传到云端，以克隆出一个"数字人"，因此数字分身与物理世界的数字孪生有本质的不同。

数字分身在元宇宙中的表现，在很大程度上取决于生物本体人的状况，如能力和见识。但在性格层面可能会有超脱的一面，这就是现实世界与虚拟世界的"两面人""多面人"的现象。

而另一个值得思考的问题是：数字分身在元宇宙久而久之的表现与习惯，会不会反过来对现实世界中生物本体的思维、行为和情感等产生影响？我认为这是肯定的。现实人和虚拟人之间的意识与认知，很难做到完全隔离，互不干扰。

也有学者提出，倘若元宇宙中的数字人是现实人的数字分身，人类对自己的数字分身又有多大程度的自主权呢？换句话说，既然数字分身并非是人类自身的数码复制，那么个人究竟对其数字分身的参数设定有多大的话语权？这一哲学追问，或许很长时间都不会有答案，但值得我们深思。

元宇宙社会的虚实融合

有些学者提出三元世界理论：人类社会、物理世界、网络空间构成三元世界，三元世界间的关联与交互作用决定了社会发展的信息化特征。

元宇宙的出现，会不会使得三元世界观产生一次根本性的跃迁？或者能不能这么判断：三元世界在持续的虚实融合中，会不会最终使人类社会进入所谓的"元宇宙社会"阶段？

清华大学《元宇宙发展研究报告2.0版》中提及，元宇宙具有三大属性：一是时空拓展性；二是人机融生性；三是经济增值性。元宇宙在身份系统、经济系统、文化系统和社交系统上将虚拟世界与现实世界相接榫，人类实现了虚拟化的真实性、立体性、充分性表达。

一方面，数字孪生在信息世界实现了对现实物理世界的数字映射，没有虚实结合的孪生镜像不是元宇宙，只是虚拟空间。而恰恰是元宇宙的出现打破了传统时空观，实现了信息在现实世界和虚拟世界间的衔接。

另一方面，元宇宙进一步把人的社会活动通过数字分身引入信息世界，对人的身体进行了全方位的延伸，这种强大的具身性将给人带来极佳的沉浸式体验，使人在元宇宙中的交互体验几乎与现实无异。

于是，人类从传统的面对面社交开始转向场景化互动式社交，社会性领域开始向数智化、大众化、个性化转变。元宇宙不仅满足了人类在现实世界和虚拟世界中进行共建共生共享、融生联动的需求，而且促进了人类真正的解放发展。从这个意义上说，人类或许将真的进入一个新的社会阶段——元宇宙社会。当然，从目前来看，这一预想的未来社会形态乃至社会阶段还存在很多潜在的弊病。为此，我们在关注技术和应用发展的同时，更要对元宇宙中的社会伦理、法律秩序、道德公约等人文精神进行更深入的思考和审慎处理。

第8节　互联网大厂的数字帝国梦

依托互联网提供商业服务的众多大厂在经过不断起伏和长期飞速发展之后，当前已进入相对饱和与增长乏力的阶段。互联网大厂们亟须找到新的增长点，来刺激和推动其在全球范围内获得更多财富。因此，具有无限想象空间的元宇宙成为全球互联网大厂战略布局的最新广阔舞台。

在此前的 Web2.0 时代，互联网大厂就开始在尝试打造一个个"数字帝国"——制定游戏法则，推行身份认证，试图发行自己平台的"货币"，通过交易提成、摊点收费等方式进行"收税"。在给用户们提供实惠和便利服务的同时，它们不断筑牢"帝国"利益的城墙，通过垄断和占有大量用户数字资产进行不当得利。

如今，各大互联网厂商坐拥少则数千万多则数十亿人的用户，希望通过进军元宇宙来继续扩大影响范围（数字帝国疆域），拥有更多元的变现和收益方式，同时也带来更为可观的收益。

以 VR 和 AR 设备为例，通过不断技术改善，它们极有可能成为用户未来接入元宇宙的必需品，就像如今已经极为普及的智能手机。而许多互联网大厂早已投资收购了相关设备厂商，并推出了各自的 VR 和 AR 设备，为的就是能够提早抢占终端和元宇宙市场。

另外，作为各自元宇宙的主宰者、核心资产持有者以及规则秩序的构建者，互联网大厂们可以凭借足够的影响力和话语权，除传统运营方式之外，设计出全新的方式来获取收益，如数字资产交易、数字地产租赁等。事实上，如今的游戏账号、服饰道具、虚拟土地和虚拟货币等数字资产，作为资产貌似是稀缺的，但供应可以是无限的，开发成本也是递减的。

对互联网大厂来说，基于元宇宙的"数字帝国梦"很宏大也很美好。但要想真正实现理想的元宇宙形态，还要经过一个漫长的过程，也要在运营模式上打破惯有的思路，同时需要建立具有一定支撑保障能力的系统。这其中最为关键的是政府监管部门的参与，要做好规则和标准的制定，如数字代币的互换、契约交易的公平维护、违法犯罪的惩处等。

要真正实现元宇宙，首先要解决数字资产的开放问题。个人数字资产应该能在多方平台自然无障碍地流动，而非封闭于某个互联网大厂的某个平台。要做好这一点，首先要解决的不是技术的打通问题，而是思路开放问题。这不是一两个大厂自己能解决的，需要制定技术标准和法律规定，政府立法部门要有前瞻性预研。

我们相信，人类未来需要的元宇宙，必然不是互联网大厂把持下的元宇宙，而是一个更加平衡、开放、权利可以得到保障的元宇宙。

第 9 节　元宇宙能给教育带来什么

在元宇宙时代，教育的自我迭代拥有了更多可能，需要我们以更加开放、多元的心态以及更加智慧、卓越的方法去构建和探索新的教育形式。无论元宇宙未来发展如何，都不应偏离教育的本质。对于个体来讲，教育是生命所需，具有阶段特征。而对于群体来讲，教育是社会所需，由社会形态决定。教育是把人类积累的对自然界的认知和改造自然的经验，以及社会生活经验转化为受教育者的智慧、才能与品德，使其身心得到发展，成为社会需要的人。

教育的特征

从哲学意义上来讲，本质是确定某类事物区别于其他事物的基本特质。本质是指事物本身固有的根本属性，也是事物存在的根据。

教育的本质是什么？教育肯定包含传授知识和能力，教育的途径多样。个体所需教育具有阶段性的特点，而对于社会来讲，群体所需教育是由社会形态决定的。教育的本质属性是有目的地培养人的社会活动。

教育的功能有 3 个层次：对全人类来讲，教育承担的是文化与价值观念的传承与发展；对国家来讲，政府花钱办教育，主要是为了提高全民族素质，为国家建设提供人力资源保障，提高国家的竞争力；对个人来讲，个人花时间、金钱接受教育主要为个人幸福，当然这个幸福包括物质和精神两个方面。

我们的学习大体可以分 3 类。

第一类属于**人际交往类的学习**，比如语言、礼仪习惯、品德养成、管理等。在元宇宙时代，即使礼仪习惯有所变化，伦理文化有所变化，人际交往学习这类技能也是不可缺少的。这类学习靠的是模仿和习惯养成，学习的环境很重要，有了好的学习场景，学习效率会很高。

第二类是**知识传承类的学习**，比如文字、历史、文学、数学、逻辑、运筹等。这类学习是创造物质文明和精神文明的，无论是否在元宇宙中，这类学习都是必须有的。这方面的学习也包括师传面授，基于前人对知识的规律性总结，以及推导、归纳、系统分析等展开。

第三类是**文明发展类的学习**，比如科学研究、工程技术、哲学、生命科学、行为科学等。这类学习需要有系统的知识，需要灵感、洞察力和想象力，需要有思辨精神，学习过程中需要相互讨论和启发等。这类学习就是我们今天的研究生教育。在元宇宙时代这类学习的方式可能有所变化，比如通过 AR、VR、MR

（混合现实）等增强学习的效果，提供更好的学习场景，但学习内容本身不会有太大的变化。

元宇宙对教育发展的影响

教育的形态是要随社会形态的变化而变化。在元宇宙时代，工业化的传统学校需要让位于以学生者为中心的未来学习组织，以知识为本位的传统教学需要让位于以人生存和发展为目标的选择性学习，以教室、教材、教师为中心的教学模式需要让位于基于互联网、人工智能、元宇宙等技术的全时空学习。面对这样一个大变革的时代，需要我们要以开放多元的心态，以及更加灵活和科学的方法去构建和探索新的教育形态。

教育要素正在发生深刻的变化，逐步走向智慧教育时代，我更倾向把它叫作智能教育时代，因为智慧和智能是有差别的。智慧教育或者说智能教育是利用现代信息技术来促进教育改革和发展的过程，其技术特点是数字化、网络化、智能化和多媒体化，基本特征是开放共享、交互协作和广泛存在，是以教育信息化促进教育现代化，通过信息技术改变传统教育模式。教育信息化给学习方式带来了变革，对传统的教育思想、观念、模式、内容和方法产生了巨大的冲击。同时教育信息化是国家信息化的重要组成部分，对改变教育思想和观念，深化教育改革、提高教育质量和培养创新人才具有深远意义。

最后，大家可以想象一下，元宇宙时代会有怎样的教育形态？我认为，所有的教育要素都将集中在网络平台上，知识和信息是任何人都无法垄断的，而在工业社会和农业社会的教育形态下知识是垄断或半垄断的。教育的实施将以个人选择为主，真正实现教育公平，而且教育成本会大幅度下降。教育的特点变成大规模、高灵活性、高个性化。大家知道，在相机发明之前绘画师是一个发展很好且很大的职业类型，有了照相机以后，绘画变成了艺术，职业绘画人员大幅度减少。今天的学校可以比作绘画，网络平台就相当于发明的照相机，传统学校将不再是获得正规教育的唯一途径。

元宇宙时代的学历证书将更加严谨，我们今天的学历证书只是说你上了几年，你学了什么专业，成绩合格毕业。在元宇宙时代，你的学历证书将是电子版的，技术保障了证书的不可更改性，证书中对你的学习能力、学习过程都有严谨的记录。到那时，我们的学习从被动获取知识发展到主要满足个性化信息需求。通过政府授权，学校将成为掌握知识的组织，具有证明和甄别知识的责任，教师将成为自由职业者。

5

互联网安全简史

第1节　网络空间安全

网络空间的定义和边界

互联网的快速发展正在深刻地改变着社会结构、社会关系，生活数字化和网络化成为常态，人类文明在互联网的推动下正迈向一个新的台阶。

作为人类最伟大的发明之一，互联网以前所未有的深度和广度改变了整个世界，不仅将全球连为一体，把我们带入了数字时代，其去中心化的理念完全改变了信息和知识的发布、获取和传承方式，还如同神迹般开辟了独立于现实世界的虚拟世界——网络空间。

传统意义上，我们把国家的主权定义在有形空间上，如领土、领海、领空。少数发达国家正在争夺太空的控制权，这称作领宇，可理解为第四空间。计算机通信代码控制着互联网的运行规则，决定着互联网空间的归属和主权，可以称为领网，如此形成了领土、领海、领空、领宇和领网五个主权空间。

第五空间的主权发展比第四空间快得多，互联网所带来的空间之争是一场无硝烟的国家主权争夺战，而且日趋激烈。我们应该在这个战场上争得一席之地，因此对于网络空间边界的定义要有一个比较清晰的认识。

领土、领海、领空、领宇都秉承着自然规则，都有着几何意义的边界。而由计算机通信代码、知识产权、网络应用平台、网民等要素构成的网络空间遵循着人设规则，几乎不存在几何意义上的边界。物质、能量和信息是构成人类生存和发展的三大基本要素，自然规则决定了物质和能量，人设规则主要体现为信息传播的规则模式。

网络空间呈现无限发展的趋势，故还不能准确定义。目前，网络空间仅有在计算机领域中的描述和定义：网络就是用物理链路将各个孤立的机器或计算机主机连在一起，组成数据链路，从而达到资源共享和通信的目的。计算机网络空间是把具有独立功能的多个计算机系统通过通信设备和线路连接起来，且以功能完善的网络软件（网络协议、信息交换方式及网络操作系统等）实现网络资源共享的系统。计算机网络空间有四大要素：通信线路和通信设备，有独立功能的计算机，网络软件，数据通信与资源共享。

与这四大要素相关的技术和知识产权是目前计算机网络空间的主权边界。

大量的网络应用平台实际上也是网络主权的边界，平台的用户到哪里，平台的管控规则就到哪里。这里所说的管控会超越传统的国界。例如，腾讯公司的微信平台，用户遍布全世界，外国用户也要遵守微信平台的管理规则。同理，中国用户使用外国的网络服务平台，也要遵守该平台的规则。

当然，网络空间也存在某些物理边界：

（1）互联网的物理基础是光纤，砍断光缆自然就断网了，就不存在网络空间了。

（2）互联网是靠电运行的，断了电自然也就没有网络空间了，实际上，任何吹得神乎其神的先进技术，只要它用电，就不会那么神，大不了我们把电给它断掉。

可以看出，网络人设空间是可以无限开发的，现在我们觉得互联网已经非常发达了，极大地改变了我们的生活，但这还只是开始，更大的变化还在后面。面对这样的巨大改变，对于一个国家来讲，非常重要的一点就是要提高全民族的信息素养，并且参与全球人设规则的制定，争夺更多的话语权，从而实现民族崛起。

关于网络安全

网络安全是互联网持续发展的重要条件之一。然而，大多数网络应用都朝着实用和方便用户的方向发展，难免在技术、管理和基础设施等方面留下安全漏洞，为不法分子提供了作案空间。

1. 网络攻击种类多、频率高

涉及网络安全的黑客攻击种类很多，也十分频繁。黑客攻击手段可分为非破坏性攻击和破坏性攻击两类。

非破坏性攻击一般属于"逞能型"，多数出自计算机高手，他们擅长攻击技术，但不轻易进行破坏，也不盗窃系统资料，只是为了扰乱系统的正常运行。他们可以识别计算机系统中的安全漏洞，但并不会恶意利用，而是将其公布，让系统拥有者及时修补漏洞，提前防范非法入侵。他们精通攻击与防御，同时具有网络信息安全的规则意识。

破坏性攻击是以侵入他人计算机系统，盗窃系统保密信息，破坏目标系统的数据为目的，又可分为逐利型攻击和侵略型攻击两个类型。

（1）逐利型攻击首先来自企业之间。由于商业利益竞争，一些企业利用黑客技术手段侵入对手计算机系统获取商业情报。现在发展成一些信息咨询公司利用黑客手段侵入计算机系统以收集网民和企业的各类信息，并基于此为其他机构提供咨询和行业发展报告。

（2）侵略型攻击一般属于国家行为，即某些国家利用网络技术手段收集各类计算机网络系统中与国家安全相关的政治、经济、军事和社会发展等信息，为国家安全提供情报。

网络安全对企业和其他社会机构来说都是重要的，对国家更是重要的。对于个人来说，如果你遵纪守法，也没有多少数据资产，网络安全问题对你就没有太大影响。

2. 网络安全靠技术保护，更靠网络安全意识

在网络安全治理逻辑没有真正调整、保护网络安全的法规不健全的条件下，个人和企业等社会组织机构面对网络安全问题，既要重视技术保护，又要提高网络安全意识。

技术保护主要包括使用"防毒""防黑"等安全软件。防火墙是网络中用于阻止黑客攻击机构网络系统的屏障。它是在网络系统边界上，通过建立控制进和出两个方向通信的监视系统来隔离内部网络和外部网络，以阻挡外部网络的侵入。技术上还可以设置代理服务器，保护自己的 IP 地址。即便你的计算机被安装了木马程序，若没有你的 IP 地址，攻击者也是没有办法实施攻击。

提高网络安全意识主要包括：不随意打开来历不明的电子邮件及文件，不随便下载、运行不了解的软件、游戏、短视频；重要密码要经常更换，常用的密码要不同，防止被人查出一个，连带查出其他密码；密码设置尽可能使用字母数字混排的形式，单

纯的英文或数字密码非常容易被黑客技术猜出；不轻易提供个人信息；及时下载安装常用系统软件的补丁程序。

网络攻击、互联网的安全风险和威胁来源

网络世界的安全虽然也涉及财产安全等，但互联网安全在本质上是指互联网上的信息安全，跟物理世界的人身和财产安全区别很大。凡是涉及互联网上信息的保密性、完整性、可用性、真实性和可控性的相关技术和理论都是网络安全的研究领域。

1. 网络攻击的种类

网络攻击是指针对计算机信息系统、联网基础设施、计算机网络或个人计算机设备进攻的动作。这些攻击包括破坏、揭露、修改、使软件或服务失去功能、在没有得到授权的情况下窃取或访问任何一台计算机的数据。网络攻击包括主动攻击和被动攻击以及高等持续性威胁（APT）攻击等。

（1）**主动攻击**：主动攻击会导致篡改某些数据流和产生虚假数据流。篡改消息是指一个合法消息的某些部分被改变、删除，消息被延迟或改变顺序；伪造指的是某个实体（人或系统）发出含有其他实体身份信息的数据信息，假扮成其他实体；终端拒绝服务，会导致对通信设备正常使用或管理被无条件地中断等。

（2）**被动攻击**：在被动攻击中，攻击者不对数据信息做任何修改，主要是收集信息而不是进行访问，数据的合法用户一般不会觉察到这种活动。被动攻击通常包括窃听（包括操作记录、网络监听、破解弱加密、非法访问数据、获取密码文件等）、欺骗

（包括获取口令、执行恶意代码、网络欺骗等）、流量分析（包括导致异常型流量、资源耗尽型流量、欺骗型流量等）、数据流攻击（包括缓冲区溢出、格式化字符串攻击、输入验证攻击、同步漏洞攻击、信任漏洞攻击等）等。

（3）**APT 攻击**：APT 攻击是指对特定目标进行长期持续性网络攻击，属于主动攻击的一类。APT 攻击在发动之前需要对攻击对象的业务流程和目标系统信息进行精确收集。在收集信息的过程中，攻击者会主动挖掘被攻击对象受信系统和应用程序的漏洞，攻击者利用这些漏洞组建所需的网络，并针对系统漏洞进行攻击。

此外还有病毒木马、伪基站等攻击形式。

2. 互联网面临五个方面的安全风险

（1）**国家安全**：计算机代码控制了互联网的运行规则，并决定了网络空间的规制主权。在互联网普及的时代，最危险的国际斗争手段，不是军事武力，而是网络控制。某些国家凭借网络技术优势，可以掌握他国政治、经济和军事情报，通过攻击手段可使其他国家的通信网络、重要设施、金融系统甚至军事系统瘫痪。

（2）**经济安全**：随着互联网向各个行业的渗透，经济安全已成为需要迫切关注的问题。在互联网时代，多数企业都曾经遭受到不同程度的网络攻击，导致信息泄露，威胁企业的持续经营，严重影响了市场竞争的公平性和有序性。特别是与广大用户个人信息密切相关的企业，如中国移动、中国电信、中国联通、淘宝、携程、腾讯等，掌握大量民众个人信息，一旦信息泄露，轻则严重影响企业商誉，重则会引发经济和社会安全问题。

（3）**社会安全**：当今的互联网用户既是信息的消费者，也是信息的提供者。不健康的内容侵蚀人们的灵魂，不负责任的言论误导人们的情绪。屡禁不止的网络谣言传播事件，污染了网络环境，影响了人们的生产生活，扰乱了社会秩序，危害了国家的安定。互联网已经成为各种思想的集散地、意识形态的较量场和不同文化实力的博弈阵地。凭借对网络空间的掌控，一些经济文化大国通过对本民族文化和价值观念的宣扬与传播，实施文化侵略，悄然侵蚀着他国的传统文化。

（4）**交易安全**：随着互联网、社交媒体、移动终端设备的快速发展，网民的交易行为向互联网和移动终端转移。所有网络经济活动的背后，最终都必然发生支付行为。网民通过网银办理业务，通过智能手机可在网上实现除存取款以外的所有业务。

由于移动互联网行业蕴含着巨大经济利益，还具有与数亿移动终端用户真实关联的特点，黑客已将获利目标从 PC 端转移到了移动终端，现实的移动互联网环境可以说是"危机四伏"。随着互联网经济的发展，利用互联网实施的趋利性犯罪案件以每年30% 的速度递增，犯罪数额和危害性不断扩大。

（5）**隐私安全**：现在智能终端型号五花八门，应用多样，这极大地方便了广大用户日常的工作、学习、生产和生活。然而，手机等终端安全问题也随之越来越突出，网络黑客窃取通信录、照片、位置信息、通话记录、短信内容、应用密码账户等个人隐私和敏感数据的事件时有发生。不法分子利用电信进行欺诈，通过手机银行窃取他人资金，非法获取他人电话号码并推送垃圾广告等违法犯罪活动十分猖獗，严重影响了广大用户的正常学习、生活和工作。

3. 互联网安全威胁的主要来源

（1）**国家组织**：有些国家出于各种目的会对外发动网络攻击，所以说最高层次的网络攻击来自国家力量。这种网络攻击一般属于国家行为或有政治目的的非法组织行为。攻击者利用网络技术手段收集各类计算机网络系统中与国家安全相关的政治、经济、军事和社会发展等信息，并分析整理为国家安全所需情报。有时也利用黑客技术将病毒植入他国信息系统，破坏对方重要设施。

（2）**商情机构**：前文介绍过，在经济利益的驱使下，一些信息咨询公司利用黑客手段侵入企业和他人的计算机系统。

（3）**商业对手**：前文介绍，这里不再重复。

（4）**各类黑客**：黑客最初曾指热心于计算机技术且水平高超的计算机高手，尤其是程序设计人员。黑客被分为白帽、灰帽、黑帽等不同层次。白帽黑客虽然有能力破坏计算机安全，但他们通常没有恶意目的，道德观念较高，往往选择与企业合作去发现安全漏洞；黑帽黑客是指那些从事非法活动的黑客，他们利用自己的技术窃取他人信息或谋取不正当利益，应该受到法律制裁；而灰帽黑客则介于白帽和黑帽之间，他们既可能发现系统漏洞并报告，也可能利用这些漏洞获取私利，但通常不会造成严重破坏。

网络不安全是少数人的恶，不是网络的坏

2017 年 5 月 12 日以来，一款名为 WannaCry 的勒索病毒大规模攻击全球计算机网络，中国、俄罗斯、美国及欧洲多国均被入侵，其中英国医疗系统陷入瘫痪，大量病人无法就医；西班牙电信巨头遭黑客攻击。这起事件反映出多国在网络安全防范上的

诸多不足，仅仅依靠在内网终端设备上安装几个安全设备和安全软件难以保证网络安全。这起事件形式上是计算机病毒传染，本质上是人为的勒索犯罪。

网络安全是信息技术发展的前提，只有靠信息技术的发展才能保障信息的安全。随着互联网应用的发展和成熟，整个国家和社会都将实现与互联网的融合发展，网络信息安全问题会更加突出。大规模的互联网攻击，势必会对国家秩序、社会稳定、个人生活带来巨大影响。

网络不安全的实质是少数人的恶，而不是网络的坏。互联网只是一种工具，工具的好坏取决于用途。技术一直都是一把"双刃剑"，一方面可以提高生产效率和服务能力，扩大服务范围，造福人类；另一方面也可以被别有用心的人利用，成为犯罪工具，危害社会。网络安全是相对的而不是绝对的，没有绝对的网络安全，要避免不计成本追求网络绝对安全的做法，不然仅会产生极高的成本，还可能造成顾此失彼，产生新的不安全。

对于网络安全来说，提高自身防范意识很重要，更重要的是打击网络犯罪。执法部门要严厉打击网络犯罪，只有犯罪分子受到应有的处罚，才会减少网络犯罪。⊖

智能手机已经成为网络安全短板

智能手机极大地方便了我们的日常工作、学习和生活，其用户数量呈现爆发式增长。2021年我国智能手机出货量已达到

⊖　参见李志民撰写的《只修长城不会有真正的安全》，发表于2017年的《中国教育网络》第6期。

3.51 亿部，手机保有量 18.56 亿部，人均超过 1 部。智能手机也因为其具有的高移动性和开放性，功能越来越多，而使用越来越频繁，但因此也导致其安全问题越来越突出，已经成为网络安全的短板。

从功能来看，智能手机与我们的工作和生活已高度关联，手机里往往存有大量的隐私信息，包括通信录、照片、位置信息、通话记录、短信内容和应用账户密码等。随着电子商务和移动支付的进一步普及，手机还会关联更多的银行账号和交易过程。窃取和利用这些隐私信息，非法获取经济利益，正是网络犯罪的主要目标。也就是说，相比计算机终端，智能手机更容易被网络犯罪分子盯上。

从手机操作系统来看，目前的智能手机主要使用 Android 系统和 iOS 系统。近来异军突起的华为鸿蒙系统，有望成为智能手机主流操作系统的第三支力量。由于 Android 系统的生态圈更为开放，任何开发者开发的应用程序都可以在 Android 生态圈内流通，这给黑客制作并传播 Android 病毒提供了便利，导致目前 Android 手机病毒大肆传播。

手机应用商店和手机预装这两种主要的应用程序安装方式，均有被黑客用于传播恶意程序的可能。由于 Android 类应用平台门槛较低，没有权威发布机构，加上审核不够严格，导致移动互联网生态上游环节被严重污染。目前大部分移动应用正处于灰色地带。特别是出现了大量对正版应用进行二次打包的仿冒应用，使用户真假难辨。

从用户行为来看，大多数用户只关心手机的功能、性能和便捷性等问题，对安全问题关注不多。计算机用户在经历了一轮又一轮病毒侵害的洗礼之后，对于安全问题已有了基本的认识。但智能手机的用户更广泛，更具"草根性"，对手机安全危害的认识不够，对安全软件功能的了解不够，安全意识普遍薄弱，安全防范技能不足。

随着"互联网＋"行动的进一步深入，未来智能手机的应用将会无缝嵌入到我们生活的每个角落，其安全问题更加不能小视。我们需要从系统安全、应用程序、用户意识、法律防范等层面多管齐下，尽力降低移动终端的安全风险。

（1）**系统安全层面**。移动操作系统作为移动安全的基石，其安全机制设计直接决定了智能终端整体的安全水平。目前，我国在智能手机的硬件芯片和终端应用方面已经有了成熟的技术，但在移动操作系统方面，还不能做到真正的国产化、自主可控，这需要我国科研机构及相关企业尽快突破。另外需要加快推动 IPv6 商业化应用，充分利用 IPv6 提供的新一代安全机制，降低移动互联网的安全风险。

（2）**应用程序层面**。国家要尽快形成应用程序准入制度，要通过专业的国家应用程序检测机构对应用程序进行恶意代码、隐蔽功能等安全审查后才允许发布。另外，需要加强对智能手机应用发布平台的网络安全审查，如要求应用发布平台有效管理其上的应用程序，并对应用程序的安全性负责。

（3）**用户意识层面**。需要加大宣传力度，让广大用户了解相关安全隐患，提高智能手机的安全使用水平和安全意识。例如，建议用户尽量不要使用可疑的免费 WiFi 登录网上银行和支付宝，因为有些免费 WiFi 是黑客搭建的，可能会盗取密码。再如，二维码已逐渐成为传递信息的便捷途径，但二维码不是绝对安全的，其中也可能包含手机病毒，因此千万不要随意扫描来源不明的二维码等。

（4）**法律防范层面**。当前，移动互联网黑色利益链错综复杂，形成了以开发、传播、运营到最后利益整合分配的流水作业模式，甚至完成了从作坊式个人生产到集团化运作的规模性转变。面对日益严峻的网络安全形势，我国需要进一步完善网络安全相关的立法，提高网络取证技术能力，加大对网络犯罪的打击力度，给广大用户一个安全绿色的网络应用环境。

物联网技术标准和安全问题亟待重视

互联网的发展是一个从机器互联到生命互联的逐步进化过程，将不断加速人类文明发展进程。物物相连的物联网是互联网发展到一定阶段的产物。物联网是互联网＋传感器或控制器的网络，融合了智能感知、识别技术与普适计算等通信感知技术。可以说，物联网是互联网的应用拓展。

物联网直接关联着人们的实体生活，控制着无数的终端设备，所以建立在互联网基础之上的物联网，其安全风险在某种程度上比虚拟的互联网更为严重。我们在期待物联网帮人类改进工作效率、提升生命质量的同时，也需要高度重视其安全问题带来的隐患。

从技术架构来看，**物联网分为感知层、网络层和应用层**。感知层由各种传感器及传感器网关构成，是物联网识别物体、采集信息的来源，包括温度、湿度、力与能、位移和角度等各类传感器，以及二维码标签、RFID 标签和读写器、摄像头、GPS 等感知终端。网络层由各种私有网络、互联网、有线和无线通信网、网络管理系统、云计算平台等组成，负责传递和处理感知层获取的信息。应用层是物联网和用户的接口，它与行业需求结合，实现物联网的智能应用。

物联网属于一类复杂的系统：一方面，物联网涉及各种各样的传感终端和应用设备。另一方面，物联网涉及海量数据的采集、传输和处理。但长期以来，国际各标准组织分别聚焦在不同的物联网领域进行标准研究，缺乏通用的标准架构，这既制约着物联网在不同行业的应用，也不利于物联网产业链的推进，还容易产生系统性的安全盲区。

物联网安全性的脆弱，主要体现在以下几个方面。

（1）物联网以互联网为基础，所以目前互联网上暴露的很多问题，如黑客攻击、恶意软件、病毒攻击等都有可能通过网络层危害物联网的安全。

（2）传感器通过网关节点接入网络层，网关节点最容易被外界控制，在物联网环境中受攻击的可能性很大。

（3）应用层智能终端本身具有局限，如许多简单的智能终端缺乏足够的运算能力，不能进行复杂加密。很多智能终端部署在不受监控的位置，很容易被拆卸、破解或入侵。

随着物联网技术的发展，安全性问题已成为制约物联网未来广泛应用的一大瓶颈。虽然目前没有一个一劳永逸的办法能彻底解决物联网安全问题，但是加速研发基于 IPv6 的物联网技术和产品，尽快推进 IPv6 商用进程，广泛部署基于 IPv6 的物联网，实现一物一址，一物多址的映射操控，有望系统性减小物联网的安全风险。

IPv6 不仅能满足物联网对大量地址的需求，从协议本身来看，IPv6 相对于 IPv4 在功能上还进行了扩展。IPv6 具有简易灵活的头部格式，网络资源可进行预分配，支持即插即用，有更高的安全性和移动性。对物联网来说，系统的复杂性使得智能终端对网络协议有更多的特殊要求，如要具有可扩展性、互通性、架构稳定性和普遍性等。在这些方面，IPv6 更具优势。

因此，用 IPv6 取代 IPv4 可以使物联网摆脱日益复杂、难以管理和控制的局面，变得更加稳定、可靠、高效和安全。在网络传输领域实现从 IPv4 到 IPv6 的全部升级之后，随着传感技术、智能信息处理行业的发展和完善，安全问题将不再是掣肘，物联网产业也会酝酿出更多新的商业模式和市场机会。

第 2 节　网络安全治理

网络安全需各方协同治理

互联网虚拟世界是现实世界的映射。在便捷人们工作、生活与娱乐的同时，各种网络欺骗、暴力、陷阱也伴随而来，而且手段、方式更加隐蔽、后果更加严重。**信息社会的个人信息泄露风险难以消除，防范网络犯罪需各方协同。**

互联网设计之初是假定可信安全的，是**以主机为中心**固定使用的，如今的互联网，已经与当初的假定完全不同，而是**以人为中心**，移动使用需求超过固定使用需求，承载的功能和业务越来越多，由此带来的安全问题更加严重。可以说，**技术进步得有多快，安全问题的演化就有多严重。**

我们每天都可能听到与电信诈骗、数据泄露、恶意攻击、漏洞利用等恶性案件相关的信息，我们在互联网上停留的时间越长，对隐私安全问题的忧虑就越深。

许多人将网络安全问题的矛头指向了大数据、云服务等新技术，显然这不是一种客观理性的态度。我们要明白这两个问题的本质，**不应"把洗澡水和孩子一起倒掉"**。新技术的应用将大大促进社会生产力的进步，而在此过程中，我们需要的相应配套措施也应该迅速跟上，不能因为恐惧未知而拒绝新事物。

《国家信息化发展战略纲要》中强调了网络安全的重要性，指出"以安全保发展，以发展促安全"。网络安全需要网民提高防范意识，更需要相关部门切实履行职责。我国 2010 年就强制推行了手机实名制，但相应的监管与追责制度存在漏洞，导致"手机实名"名不副实。境内银行必须承担银行开户的身份认证责任，尽快废除银行多开账户且对假账户"概不负责"的制度设计，凡是通过虚假信息账户实施的金融诈骗，涉事银行除了要对被盗资金负有追查和"买单"责任外，相关责任人也要追责，彻底斩断电信诈骗借助转账进行犯罪的通道。

安全是发展的基础，要在发展中解决安全的问题。我们也欣喜地看到中华人民共和国国家互联网信息办公室于 2016 年就发布了《关于加强国家网络安全标准化工作的若干意见》，要求关于大数据安全、个人信息保护、新一代通信网络安全等十多个领域的重点标准研究和制定工作"先行一步"。随着近些年相关行业的持续努力，我国互联网的安全体系将会更加健全与完善。

"开放与合作"是互联网的重要精神之一，呼吁各方协同合作，共同解决网络安全问题。尤其在教育领域，我们不仅呼吁校与校之间要协同合作，也呼吁相关部门与教育领域携手，一起研究学生群体使用互联网的相关政策与保障措施，打造更加绿色、纯净的网络空间，保护涉世未深的学生群体用网安全。

网络安全治理的逻辑不能出问题

正如现实社会中会出现违背公序良俗和违法犯罪现象一样，少数人的恶同样存在于网络世界。我们无法逃离现实社会，也无法躲避网络世界的恶。

我们应该认识到，网络世界的安全逻辑同现实世界的安全逻辑是一样的，安全只是相对的，没有绝对的安全。网络安全是发展中产生的问题，也只能在发展中解决。如何辩证地对待和处理网络安全涉及的各种关系，应该是解决好网络安全问题的关键所在。

加强网络安全管理，提高安全意识是非常重要的，但我们不能将网络安全的责任过多地强加于单位和个人，因为责任越往下推，单位和个人的能力越有限。用单位或个人有限的财力和能力去对付有组织的网络犯罪，显然是难以实现的，只有用国家力量才能有效打击网络犯罪。对于网络安全来说，防只是手段，治才是根本，因为只有严厉打击网络犯罪，才能实现网络安全，否则就是网络安全治理的逻辑顺序出了问题。

我们经常从媒体上看到网络警察打击犯罪的成功案例，但面对日益猖狂的网络犯罪案件，显然当前的打击力度是不够的。虽然现在每台计算机都装有防毒软件、防火墙，每个计算机系统都配有安全等级保护措施，但如果网络安全的治理逻辑失常，不把治理重点放在严厉打击网络犯罪上，信息安全问题会越来越严重，甚至会影响到互联网的发展，影响我们的文明进程。

国家网络安全也有同样的逻辑问题。被动防御不会有真正的国家安全，我们需要尽快突破互联网关键技术，积极参与国际互联网治理，参与国际规则的制定，加强国内合纵连横，建立立体化联动体系，方能取得网络空间的长治久安。

网络安全治理需要系统思维

网络安全和信息技术发展是相辅相成的，网络安全是信息技术发展的前提，而信息技术的发展是网络安全的保障。治理网络安全需要树立正确的网络安全观，系统考虑政策法规、技术条件、使用方便、私密保护、尊重他人网络权益等。网络安全的系统思维主要包括以下几个方面。

（1）**网络安全是相对的而不是绝对的，没有绝对的网络安全**。我们要根据现有技术水平、条件和使用情况，用发展的眼光来加强网络安全，但要避免不计成本地追求网络绝对安全。

（2）**网络安全是整体的而不是割裂的**。网络安全需要政府、企业、社会组织、广大网民共同参与，共筑网络安全防线。维护网络安全是全社会共同的责任，不能为了自己的网络安全而造成他人的网络不安全，也不能为了自己小单位的网络安全而造成大单位的网络不安全，更不能以牺牲国家网络安全为代价来谋求自身网络安全。

（3）**网络安全是动态的而不是静态的**。信息技术发展越来越快，仅依靠安装几个安全设备和安全软件就能保护网络安全的时代已经过去。过去分散独立的网络变得高度关联、相互依赖，网络安全的威胁来源和网络攻击手段不断变化，要摒弃网络安全的静态思维习惯，树立动态的、综合的防护理念。

（4）**网络安全是开放的而不是封闭的**。只有坚持开放共享、合作共赢的互联网精神，共同面对遇到的网络安全问题，共享网络安全信息，加强相互交流、合作，共享先进技术，网络安全水平才会不断提高。

扩大网络安全的内涵和外延，要关心网民的感受

传统意义上的网络安全是指网络系统的硬件、软件及相关数据受到保护，不因偶然的或者恶意的原因而遭受到破坏、更改、泄露，系统可以连续可靠正常地运行，网络服务不中断。但这种明显"技术流"的定义已经不能涵盖互联网边际效应带来的种种问题和乱象，我们有必要根据实际情况去扩大网络安全的内涵和外延，以保护广大网民的权益不受侵害。因此，我们需要关注如下问题。

（1）**明显带有商业目的的恶意推送**。我们打开计算机连通网络，经常会看到浏览器或者相关软件莫名跳出各种信息栏和广告弹窗，有些广告弹窗故意将"关闭"的"×"号隐藏或者缩到某个角落里，而在网民习惯的右上方放一个伪"关闭"符号，我们关闭弹窗时，反而点进了广告或者链接进入我们并不愿进入的网站。这不仅干扰了我们的思路和情绪，影响了正常工作，还有可能将木马等病毒程序下载到我们的计算机或者手机上，造成系统破坏甚至财产损失。

（2）**为了骗流量等而夸大事实甚至造谣。**某些个人或者组织为了引爆网络热点，提升传播效果，往往会借助公关公司或工具软件来刷流量，甚至不惜夸大事实，造谣传谣。这样做不仅蒙蔽了网民，浪费了公众的时间精力和公共网络资源，更会因社会情绪的渲染造成网络暴力。政府等权威渠道要进行查证和辟谣，这又会造成巨大的社会资源浪费。更为要命的是，谣言传播得快而广，而辟谣范围又不能全覆盖，造成公众的认知并不会在短时间内扭转，这对于社会和谐和稳定有不小的威胁。

（3）**强加于人的道德绑架式众筹募捐。**互联网的群聚和社区效应使得道德绑架问题时有发生，并成为热点。善良本来是人类的基本良知，却被一些打着慈善筹款名义的企业或者组织过度"消费"，甚至强加于人，将不募捐或者不关注等同于没有爱心，而其自身又不能保证监管的公正。这种消耗公众爱心的模式，最终伤害的还是慈善本身，使得真正需要帮助的人反而因为公众信任缺失得不到救助。

（4）**基于个人价值观的无限夸大或无中生有。**由于失去了传统媒体的议程设置与层层把关，很多自媒体文章的价值观比较随意。很多写手为了吸引受众，或者为了宣扬其自身价值观或商业目的，不惜耸人听闻，歪曲事实，甚至故意造谣，从而带来巨大的隐患。自媒体不是法外之地，自媒体人要懂法守法，要恪守人格底线，不能为了个人目的而"攻其一点不顾其余"，更不能编造谣言。"真实"对于传统媒体和自媒体来说永远都是一条不能逾越的红线，歪曲事实和造谣为文明社会所不齿。

国家相关部门应该充分认识上述问题的严重性，加大对以盈利为目的的网络恶意推送、造谣欺骗、道德绑架和宣扬不良价值观等行为的打击力度。网络安全绝不仅指网络系统的硬件、软件及相关数据的安全，对广大网民影响较大的"软"网络安全也应该引起足够重视，国家要制定法规进行规范管理，而不能使其成为监管空白和"飞地"。对造成恶劣社会问题的，应予以谴责甚至追究法律责任，运营商也应该根据国家的要求定期自查自纠，加强分类监管，不能为了营收而放松管理，要还网民一个宁静祥和的网络环境。

网络安全领域也要"打黑除恶"

绝大多数网络安全事故都是人为操纵的。攻击者因贪欲、利益纠葛，以网络的弱点为后门，悄悄潜入行使不法之事；而使用者忽视了网络风险，在出现问题后会迁怒于网络的发展。可以发现，网络不安全成了少数人恶的"替罪羊"。

如同现实社会需要法律作为准绳来遏制少数人之恶，在网络中也需要相应规则来破除来自人性的挤压，为互联网创造和谐良好的发展环境。在这个过程中需要注意以下几个方面。

首先，**必须严厉打击某些披着网络安全外衣的公司借助计算机病毒"自产自销"。**

计算机病毒是编制者在计算机程序中插入的用于破坏计算机功能或者数据的代码，能影响计算机使用，能自我复制成计算机指令或者程序代码。在种类繁多的计算机病毒中，危害最大的就是网络病毒，因为基于网络的连通性，病毒可以快速复制，感染整个网络。

现实中，有些公司打着网络安全的名义自己设计病毒进行扩散，再号召网民用自家产的杀毒软件进行杀毒，既保障了自己的商业利益又实现了研发成本的最小化（自己设计的病毒自然知道如何消灭），很有点自产自销的意思。这种做法在加深用户网络安全恐惧的同时，也会破坏网络使用环境，应予以重点打击。

其次，**以商业利益为目的的竞价排名在进行各种推送时，因为"广告性质"引起了使用者的恐慌，加大了他们的辨别成本，造成了信息大爆炸时代的混乱，客观上影响了网络的使用，应予以规范。**

最后，**各种基于标签的"无意"网络推送造成了大量的信息冗余，这会扰乱网民正常使用网络，也应该引起有关部门的重视。**

总之，网络安全的问题应该基于对人性的挖掘，适时制定法律法规，从大环境整治入手，着眼大局进行有效治理。对网络安全问题来说，防只是手段，治才是根本，因为只有严厉打击网络犯罪，才能实现网络安全。如果网络安全治理的责任在往下推时不注重"打黑除恶"，网络安全问题反而会越来越严重。

《中华人民共和国网络安全法》的施行只是互联网进入"法治时代"的第一步

2016 年 11 月 7 日，第十二届全国人民代表大会常务委员会第二十四次会议通过了《中华人民共和国网络安全法》(简称"网络安全法")，自 2017 年 6 月 1 日起施行。有评论认为，此举意味着我国网络空间将进入"法治时代"。当然，这只是在制度层面迈出的重要第一步，今后更艰巨的任务则是我国法治体系要全面跟上互联网时代发展的要求。这是法治工作者的使命，也是互联网从业者的责任。

我国相继出台的与网络相关的法律、法规和部门规章已有200多部。但这些法律法规多数是从政府管理的角度出发的，在内容上侧重规定、调整行政类法律关系，管理方式上以市场准入和行政处罚为主，多强调网络服务提供者和网络用户的责任和义务，在权利和义务均衡方面的设计有欠缺。相较而言，我国的法治进程面对信息时代的需求仍显滞后：一是在立法方面，对如何保护企业、网民在互联网中的权利的设计与考虑有所欠缺；二是在法律执行方面，与时俱进的应对策略和技术手段明显不足。

如今，信息资源日益成为重要的生产要素，成为国家竞争力的重要标志，大数据可以驱动社会的创新，释放经济发展的活力。在云计算和大数据时代，如果没有足够的技术防范手段和法律保护措施，"数据失控"风险将更加突出。因此，为信息安全和隐私保护立法十分重要。要让大数据挖掘有法可依，要明确数据的所有权，提倡数据共享又要防止数据被滥用。2021年8月20日，第十三届全国人民代表大会常务委员会第三十次会议表决通过了《中华人民共和国个人信息保护法》，自2021年11月1日起施行。

另外，要使法治中国不留盲区，不但要让法治之光照亮网络空间，还要进一步提升虚拟空间接轨现实世界的法治能力。司法是维护社会公平正义的最后一道防线，但在司法实践中，电子证据采信的尴尬亦不容忽视。

随着互联网向社会生活方方面面的渗透，单纯的人证、物证已不能保障司法证据链的完整性，电子证据时代即将来到。根据 2015 年初中华人民共和国最高人民法院发布的司法解释，如果在交易中发生纠纷，电子证据已经可以作为一个独立的证据类型。但具体到某一个案件中，如何证明电子证据的真实性是一大难题。例如，在实际的诉讼过程中，不少涉案双方将在网络上下的订单，以及通过 Email、QQ 或其他社交平台发送的信息提交到法院，但由于不能证明其真实性，往往不能被法院认可。

司法证据要求易采集、易认定、易固化，需要具备"合法性、真实性和关联性"。但是，在互联网的 IPv4 时代，因为地址资源共用，IP 和上网用户无法实现一一对应，网络实名制很难真正实现，再加上电子数据"易变、易改无痕、易损毁、不易固化"的特点，所以电子证据在主体认定、内容认定和固定方面都存在一定困难。

因此，如何规范电子证据的认定和采信？如何才能从根本上实现电子数据有迹可循、有底可查、有责可究？这些都需要法律界和科技界协同研究。面对互联网时代的全新要求，我们有必要加强产学研和政企合作。这也应该是"互联网 +"行动中至关重要的一步。

用信息技术打造网络虚拟"公检法"

面对日益猖獗的网络犯罪，司法机关当前的技术手段和侦查能力显得有些薄弱，这主要体现在以下 5 个方面。

（1）**网络行为的隐蔽性，使得犯罪线索难以被发现。**在现实社会，如果东西被盗被抢，或者人身受到伤害，受害人可以立即报警。但网络信息和网络资产的虚拟性，使得网络侵害很多时候并不能立即被发现，尽管后果可能也很严重。例如，受害人的重要数据资产或资料被非法复制或篡改，受害人自己可能在很长时间内都无法觉察到。

（2）**网络行为的分布式特点导致网络犯罪在司法管辖权方面存在争议或推诿，不易立案**。网络世界形成的虚拟空间，违法行为的实施地与行为的影响地往往是跨区域甚至跨国分布的。由于司法管辖问题的局限，侦查机关对网络犯罪行为难以并案处理。此外，有时单起案件可能案情较轻，涉案金额较少，从而对犯罪事实的认定过轻，达不到立案追诉的标准，犯罪嫌疑人会积少成多获得大笔非法收益，却逃避了法律制裁。

（3）**难以通过 IP 地址精确锁定终端用户，所以对犯罪嫌疑人的认定较难**。网络世界实际上是一个匿名的世界，除非特殊要求，网民一般不会公开自己的姓名、邮箱和地址等个人信息，因此 IP 地址往往成为网络犯罪案件侦查的突破口。理论上，侦查人员可以利用 IP 地址分析技术，结合 ISP（网络业务提供商）提供的数据，确定犯罪行为人的具体位置。然而，在 IPv4 条件下，因为地址转换的原因，一个上网用户并不完全对应一个固定的 IP 地址，这大大增加了通过地址溯源来查找上网用户的难度。

（4）**网络信息的易毁性，使得电子证据取证固定有较大难度**。电子证据是存储在电子介质上的各种数据链的集合体。由于网络操作记录很容易被删除、更改或者消失，并且难以恢复，而通常网络作案的人员往往精通计算机和网络技术，会通过文件加密、系统重装或者硬盘格式化等方式来销毁犯罪证据，因此网络犯罪案件侦查的主要难点就在于电子证据的提取和固定。

（5）**网络空间的虚拟性，使得网络犯罪现场还原难**。与传统犯罪的物理现场不同，网络犯罪跨越了物理空间与虚拟空间。犯罪嫌疑人通常使用网络虚拟身份实施犯罪行为，不需要固定场所，实施完毕后可以擦掉犯罪痕迹，因此网络侦查很难像现实侦查一样可以还原犯罪现场，这给证据链条的衔接带来很大的技术障碍，从而影响对犯罪行为的认定。

网络犯罪的出现和猖獗，催生了新的警种——网络警察。韩国在 1995 年就组建了"黑客"侦查队，1997 年建立了计算机犯罪侦查队，1999 年建立了网络犯罪侦查队，2000 年成立了网络恐怖监控中心，由此韩国真正成为"网络侦查强国"。各国警方纷纷派人到韩国学习网络犯罪侦查技能。各国和国际组织还相继成立了相应机构进行网络犯罪防控。

网络警察主要有两个方面的责任：一是计算机信息系统安全管理，二是计算机犯罪侦查。他们要能够对在网络中传输的数据实行动态截获，监视目标网络的状态以及数据流动情况；要能够从复杂的 IP 地址系统和转换过程中，准确地锁定犯罪嫌疑人的 IP 地址，再确定其真实身份；要能够广泛搜集电子证据，能使用数据监控、加解密、日志分析、对比搜索、数据恢复等各种电子取证分析技术来勘察网络现场，确保电子证据全面真实。

网络警察对知识结构有较高的要求，必须经过特殊的培训才能胜任。美国联邦调查局（FBI）和联邦执法培训中心（FLETC）都通过一个名为 SEARCH 的调查项目，对相关人员进行特种侦查训练。

在我国，中华人民共和国公安部于 1998 年组建了公共信息网络安全监察局，以进一步加强对互联网的安全管理，此后各地方公安机关的网安队伍相继成立。这支特殊的队伍在保障网络信息安全，打击网络犯罪方面做出了积极的贡献。但网络警察毕竟是新型警种，在专业技能培训和人才队伍培养方面，还需要进一步提高。2015年，我国将"网络空间安全"增设为一级学科，对网络信息安全理论研究和人才培养的推动作用已开始显现，这也对网络警察的队伍补充和人才提升产生积极影响。

目前网络警察依然是现实世界的一个警种。值得科技界和司法界共同研究的问题是：如何根本性破解虚拟社会司法能力的难题？如何更多使用信息技术而非人力来支撑"网络公安局""网络检察院""网络法院"的诞生和运转？

虚拟"公检法"的实现有赖于以下四个方面的进步：

（1）IPv6的全面普及和应用。IPv6可以提供广阔的地址资源和端到端的安全互联保障，可保证地址溯源的不可抵赖性，明确依据IP地址的司法管辖，解决目前IPv4互联网的种种弊端。

（2）计算机自动取证技术的开发和提升，包括电子证据的收集、保存、提取、检验和分析方法的提高，高度还原和重现网络犯罪过程及其细节。

（3）充分利用信息技术存储的便利性和大容量能力，在多种渠道固定电子证据，通过立法明确网络服务商保存数据的时限以备查，依法设立国家网络数据博物馆。

（4）基于司法体制改革与网络安全立法的进步，制定网络司法与执法相关的法规和制度，推动"互联网＋"在司法领域的全面渗透，逐步构建虚拟空间的司法能力和执法能力。

通过网络技术，虚拟警察可以自动发现网络上的违法行为，犯罪轻微的可以实施警告和处罚，严重的应提交到网络检察院进行起诉，网络法院进行判决，然后根据违法情节实施网络执行、现实执行或并行执行。可以想象，届时网民也可以进行网上举报，可以借助 App 工具取证，可以网上起诉，伸张正义。虚拟世界的"网络公安局"可以在网上抓捕罪犯，"网络检察院"可以在网上行使检察权，"网络法院"则可以在网上审判等。高速发展的信息网络技术一定可以让公平和正义在网络世界发挥威力。

信息安全可设为高校开学"第一课"

据中国互联网络信息中心的数据显示，截至 2023 年 6 月，我国移动互联网累计流量达 1.423×10^{11}GB，同比增长 14.6%。

每一天，我们都在更新信息和数据，看新闻、查邮件、发微信、写微博、看流媒体视频……时间在信息的流动中成为过去式，相应地，这些数据流和信息流也成为过去式。我们应意识到，各类平台都在后台记录我们的这些"过去时"，收集数据，然后分析和挖掘数据，从而得到"现实价值"。

一本符合你阅读兴趣的书，当社交平台推送给你的时候，你一定不会拒绝；还有唱片、电影、衣服、手机、家电等，你购买的兴趣和浏览的痕迹，都被各类平台一一收集，并转为个性化信息推送到你面前，这是我们乐见的，这也是互联网大数据的意义和价值所在。

但是，有些信息一旦被黑客获取，被别有用心的人利用，事情就会走向另一面。2016 年 8 月底，黑客杜某某因窃取考生信息 64 万余条，非法获取公民个人信息罪名成立，被判有期徒刑

6 年，并处罚金 6 万元。这一案件，足以警示全社会，个人要提高信息安全防范意识，网络主体应加强规范化管理。尤其是在教育领域，个人信息密集汇聚，而这些信息指向的都是涉世未深的学生群体。

当前，各高校纷纷推出大数据支撑教育教学以及管理决策的各类规划与设计，利用大数据刻画师生的形象，为学校提升教育教学质量和管理水平提供有力的参照。这是信息化为高校改革与发展带来的可喜一面，但是，数据的安全应当同时作为首要工作一起被写入规划。当然，我们也需要防范另一个极端，有些部门或学校，因为怕担责任，设置障碍和壁垒，以禁止数据与信息的流转共享，这将导致信息化走回头路。"信息孤岛"的现象绝不应该在数据时代重演。

高校的管理决策层，应当切实抓好并落实制度化管理，将数据安全隐患用制度化的方式加以约束，并加强技术防范水平，将犯罪的可能和侥幸心理降到零点。可以将网络安全、数据信息安全作为开学第一课，让互联网的安全意识真正渗透到每一个人的日常工作、生活和学习中去。[○]

要关注个人隐私保护，也要避免"被迫害妄想症"

据外媒报道称，Facebook 从个人健康状况到房地产等各种应用程序中接收高度个性化的信息，即使用户没有 Facebook 账户，它也可以从某些应用程序中接收这些数据。这已经不是 Facebook

---

○　参见李志民撰写的《信息安全可设为高校开学"第一课"》，发表于 2017 年的《中国教育网络》第 9 期。

第一次陷入此类尴尬境地，就在 2022 年 3 月，一家数据分析公司被曝料通过 Facebook 收集用户偏好信息，然后利用这些信息有针对性地推送广告，甚至还影响了美国大选，Facebook 也因此面临巨额罚款。

同为美国科技巨头的谷歌在 2019 年 1 月 22 日也被法国隐私监管机构（CNIL）处以 5000 万欧元（约合 3.88 亿人民币）的巨额罚款。原因是谷歌未能依据《通用数据保护条例》（GDPR）的规定向用户正确披露如何通过其搜索引擎、谷歌地图和 YouTube 等服务收集数据，以展示个性化广告。

隐私很难严格定义，它大致可以被认为是个人所有或所做而不愿为外界知晓的东西，例如身体、行为和财产等。传统上，我们将隐私定义为一种与公共利益、群体利益无关，当事人不愿他人知道或他人不便知道的个人信息，当事人不愿他人干涉或他人不便干涉的个人私事，以及当事人不愿他人侵入或他人不便侵入的个人领域。由此又可引申出隐私权的概念，即个人有保护自己隐私的天然权利。然而，在互联网时代，特别是未来万物互联的进程中，你的一举一动都会形成电子记录，个人隐私越来越难保住。想一想，我们是否愿意为了个人隐私而放弃技术带来的便利生活？

违反法律和道德的行为不能算作"隐私"吧？那么，在法律和道德允许的情况下，在互联网时代，除了在家里做饭和洗衣服等少数属于"隐私"，其他行为哪一点不与公共利益、群体利益相关呢？以外出旅行为例，如果你不是明星，不是其他敏感人员，没有违反道德伦理行为，有谁会关心你的旅行线路、交通工具、住宿选择等"隐私"？这些"隐私"应该被保护吗？但通过对这些旅游大数据进行分类挖掘分析，就可以让商家针对性地改善服务质量，使旅游服务更完善。

我们常常惊叹于大数据对我们的了解，刚刚在搜索引擎上搜完"浅灰色搭配什么颜色比较好"，页面上的广告全都变成了浅灰色的衣服和包包；在今日头条看到一则喜欢的信息，软件会根据我们所看内容的关键字和观看时长，后续会再给我们推送类似的信息。诚然，我们在接受这些便利的同时，可能要牺牲一部分的隐私权益，可能会受到商家的骚扰，但相信随着技术的发展、法规的完善和文明的进步，那些不良商家会受到约束和惩罚。

而从社会治理和发展的角度看，大数据分析为各行业、社会单位的治理提供了决策依据，比如学校可以依然大数据对学生进行综合测评；交通部门可以通过收集车辆的位置信息来评估拥堵路段，从而完善交通治理方式，而地图软件则可以为用户提供拥堵路段信息，帮助用户合理绕行而不至于加重拥堵；医院可以通过集成患者的数据来判断哪些疾病正在快速增加，哪些疾病发生的比例在减小，据此相应调节科室比例等。

当然，首先我们应该厘清：大公司关注的是群体行为，因此对于客户行为的分析往往是针对某个维度进行的，如果你在这个维度的特征符合它的生意目标，就会给你推送相关信息。推送信息只是增加交易成功率，并不意味着100%成功，比如定向推送的广告或者文章，除了可能对客户产生骚扰外，不会带来太大的负面和麻烦。因此，对于互联网公司掌握隐私的问题，不必恐慌，更没有必要阴谋论。

但是，不排除有专门针对用户隐私下手的公司或者个人，但即便如此也不应该把板子打到互联网身上，互联网只是工具，这时候需要拿起法律武器，对不法行为进行惩治。

因此对于安全隐私保护，关键是要对数据的拥有者提要求，让他们在获取数据的同时，也承担起保护数据、保护客户隐私的责任。一旦发生数据和信息泄露的情况，倒查追责，亡羊补牢，这才是在万物互联时代正确对待个人隐私的态度。

第 3 节　保障网络安全与促进网络发展

网络监督与网络暴力的区别

根据第 52 次《中国互联网络发展状况统计报告》可知，截至 2023 年 6 月，我国网络用户规模达 10.79 亿，网络已然成为亿万民众共同的精神家园。互联网与日常生活深度融合，改变人们的沟通交流方式，影响人们的工作和生活方式，也影响人们的道德规范、价值观念、行为习惯的形成。网民也可以通过互联网了解国家事务，发表意见和建议，提供信息线索，行使民主监督权利。

网络的力量还在于可以方便地宣扬自己的观点。这可以推动网络舆论的形成，网络舆论汇集便会产生巨大的力量，使虚拟的网络变成现实监督的平台。

网民提供的信息很有可能成为政府部门或执法机关需要的线索，从而大大提高调查处理的速度，这便是网络监督的良好示范。

所谓网络监督，就是政府或人民大众通过互联网对某一件事进行了解、关注、研究，并提供信息或介入支持，在公开、公正、公平的条件下使事情得到解决。比如网络问政就属于网络监督。和传统媒体监督相比，网络监督具有独特优势和强烈的时代特征。从论坛、博客、微博到各种自媒体、微信群，再到个人维权网站甚至是专业的舆论监督网站的出现，使得网络监督不仅快速、便捷，而且低成本、高效率。网络监督是时代的进步，更是社会民主进步的体现。

反贪反腐可能是网络监督最有成效的一个领域。相比起系统内的自查，由群众组成的网络"天网"能让更多的腐败无处遁形。

网络舆论尽管有诸多裨益，但网络中存在的法律缺失、政府管理引导不力、信息失真等问题始终存在。特别是随着触网年龄结构进一步向青少年群体扩张，三观认知与心理成熟度都未完善的青少年群体参与网络舆论监督会带来一些新的问题。所以，进行网络监督时，网民的道德意识不可忽视，法律意识必须加强。

网络暴力是一种危害严重、影响恶劣的舆论暴力形式，是借助网络的虚拟空间用语言文字对人进行伤害与诬蔑。网络暴力有时还特指发表在网络上并具有"诽谤性、诬蔑性、侵犯名誉、损害权益和煽动性"这五个特点的言论、文字、图片、视频等。网络暴力是社交媒体中言论自由的一种滥用。

网络暴力是近年来讨论的焦点，也有很多以此为题材的影视作品出台。严重违法的"人肉搜索"以及极端仇恨言论已经被多家网络平台限制。但很多情况下，网络暴力更多的是一种"无意识的恶"，评论者可能并不了解事件本身，只是凭自己的喜恶发表意见，超出了对事件正常的评论范围。例如2022年冬奥会期间，诸多网民涌入失利运动员的个人空间进行留言，这些失望、责备的情绪虽然每一条都不极端，但是经过网络放大后也形成了相当大的舆论指责压力。

有人说互联网时代最稀缺的是注意力，是流量。的确，人的精力是有限的，人们关注的焦点、接收的信息很大程度上会影响其网络生活质量。从这个意义上说，网络监督代表了互联网阵地上的正能量，网络暴力代表了暗地里的负能量。正能量充沛，负能量的空间就会被压减。

网络舆论监督要"扬其所长、破其所短"

从近年来网络上的各类社会热点事件中可以看出，网络舆论的影响力巨大。网络舆论的压力不仅会使事件当事人的行为受到热议，还会促进行业整肃，帮相关部门了解社会民生的切实需求，从而及时回应公众呼声。

但不可否认，网络舆论监督正处于发展中的初级阶段。首先，由于世界观、价值观和人生观的不同，同一事件的"真相"会造成不同人的"心相"，没有法规约束的网络舆论变成了三观对立的辩论场，反而忽略了对事件本身相关人的权益保护。其次，由于网络舆论监督的主体合法性尚不明确，监督手段缺乏或受到限制，网络监管信息不可避免地带有局部性和片面性，以致有的地方、有的官员漠视网络舆论监督，甚至把"网络舆论监督"错误地理解成"监督网络舆论"，造成对网络声音置若罔闻。

要更好地发挥网络舆论监督的力量，网民个体可以利用自身的知情权、参与权、表达权和监督权，更多关注社会事件本身的是非曲直。当看到网络争议事件时，不能不顾事实真相，仅以自己的立场和态度妄加评论，要多方求证，客观和理性地发布自己的意见和观点。"多看慎言"和"讲真言"应该是公民个体参与网络舆论监督的基本态度。

相比个体，引导网络舆论监督的重任更多落在了政府部门身上。政府官员应首先扭转意识，认识到网络在日常生活中的重要性，要更加重视网络言论与网络举报的声音。互联网时代已经到来，为打通网络舆论监督的流程，政府部门应从机制上确保主动作为，如设置官方的反馈平台，指定责任人关注网络信息，针对本行业领域的热点话题，设置关键词并进行重点分析，建设快速的舆情处理与反馈机制。要把网络舆论监督纳入法制规范，而不是任性"封号"或靠关系删帖。

在事件发生后，政府相关部门要充分利用媒体，在第一时间发布客观消息，抢占舆论先机，并要做到公开透明，不能"捂着盖子"。即使网民会质疑相关部门的权威性，政府也一定要相信人民群众。真实信息可以有效避免谣言和虚假信息的产生，公开透明的本质是及时把握公众的信息需求，最大程度地满足公众的知情权，达到解疑释惑，消除矛盾和误解。切忌不同部门各说各话，表态混乱，造成公众猜疑和恐慌，甚至引发新的危机。政府要与网民一起面对，推动事情向好发展，促进文明进程，而非形成对抗。

与"互联网是一把双刃剑"一样，网络舆论监督也存在着正反两个对立面。我们一定要"扬其所长、破其所短"，要建设网络良好生态，发挥网络引导舆论，反映民意的作用，打造"天朗气清、生态良好"的网络空间。

为网络安全买保险如何

网络安全无小事，绝不能掉以轻心。近年来，社会各界对网络安全给予了前所未有的重视。尤其是《中华人民共和国网络安全法》实施以来，各机关和企事业单位都加大了网络安全防范的力度，这本身是件好事，但过度把网络安全责任推到下级单位和个人身上，会造成单位和个人消极对待网络使用和服务。长此以往，势必影响国家信息化建设的进程。

网络空间是现代社会的一种新形态，人们在虚拟的网络空间中开展各种活动和实践，目的是使现实生活更丰富、更便捷，因此网络空间不能脱离现实生活中的人，也无法独立于现实的社会关系与秩序。同时，互联网也有自己的特点，"合作共赢，共建共享"是互联网的精神，应该扬"互联互通"之长而非"自建沟壑"就短。当前我们采用的"各扫门前雪"的互联网安全治理模式虽然强化了共同治理的基本理念和思路，但实际上沿用的是人类社会传统的安全治理思维，与网络开放、共享、协作的精神以及直接引发的效率提升是相悖的。

因此，我们有必要重新梳理互联网安全治理思路，探讨能否从以内容源分类、由下到上的低效管理升级为按层次结构分类、由上到下的高效治理，倡导由国家以及各行业、各省建立从各自网络顶端端口切入的立体交叉、可追溯的网络安全治理新模式，这样既方便顶层设计，实现统一管理，又有效减少了社会资源的浪费，避免了因各安全保障单位的水平参差不齐带来的"木桶短板"效应。

当然，要实现这样的治理模式要有两个先决条件：一是要加强网络协同治理，减少各部门、单位之间自己设置的"围墙"，这样才能极大地提升安全治理效率；二是要尽快全面普及 IPv6。

　　当然，实现以国家为主的顶端网络安全治理结构是一个浩大的工程，不可能一蹴而就，那么可以考虑借鉴金融市场的模式，比如可以通过专业的保险公司为各单位的网络安全设计保险，由有需求的单位购买网络安全保险，单位网络出了安全问题由保险公司赔付，然后由保险公司集中物力和财力分期分批来建设各级顶端网络安全工程。

|第6章| CHAPTER

互联网与社会治理

第1节　互联网面临的国际形势

万物互联时代亟须建立网络新秩序

借助互联网，人类信息沟通的品质和效率大大提高，人类的生产生活方式也产生了不小的变化：消费渠道和支付方式悄然改变，消费互联已经开始。工业生产的远程运维和数字制造正成为趋势，生产互联的时代即将到来。网络广泛连接激发了产业行业活力，已经引起了互联网界和各行业的重点关注。

在刚刚进入中国的时候，互联网的发展曾受到不少质疑，一度陷入两难的境地。而随着时间的推移，资源与应用的积累越来越多，互联网技术的发展和用户普及也越来越快。如今，互联网可以说是以排山倒海之势，渗透到人们生产生活的各个领域。

随着互联网进入国民经济生产建设领域，并且向纵深渗透，将对国家的经济和社会系统，包括生产模式、社会生活以至社会形态的方方面面产生影响。当下的互联网新应用层出不穷，安全问题也层出不穷，网络秩序亟待建立，无秩序的广泛连接对互联网来说无疑是雪上加霜，使得原本复杂的网络环境变得更加糟糕。

万物互联时代亟须建立网络新秩序。现实世界的秩序和伦理如何映射到网络虚拟空间，是一个值得深思的问题。社会秩序是通过组织结构与文化建立起来的，网络空间新的秩序意味着个人之间、端到端之间的行动是可预见的、模式化且基于规则的，而人们的行动被相互之间的期待和契约管理着，从而促进整个社会的合作与互动。互联网具有的互动性与开放合作特征是其他任何媒介无可比拟的优势，虚拟空间秩序建立将使得这一优势发挥更大的作用。

万物互联的"新"常态，需要你、我、他，所有人的共同努力，只有这样才能迎来美好未来。

国际社会要警惕美国在互联网领域的霸权行为

世界格局曾经或正在受武力、资本、能源的控制，随着人类文明的进步，未来世界将控制在拥有互联网控制权的强人手里，他们会使用手中掌握的网络规则制定权和大数据的占有使用权，利用知识产权和文化语言优势，达到通过武力和金钱无法达到的目的。

互联网起源于美国，最初是一个为军事、科研服务的网络。在 20 世纪 90 年代初，由美国国家科学基金会（NSF）为互联网提供资金并代表美国政府与 NSI（北极星成像）公司签订了协议，将互联网顶级域名系统的注册、协调与维护的职责都交给了 NSI，而互联网的地址资源分配则交给另一个政府部门 IANA（互联网分配机构）来负责。

随着互联网的全球性发展，越来越多的国家对由美国独自对互联网进行管理的方式表示不满。在这样的呼吁下，美国政府变换花样，于 1998 年组建 ICANN（互联网名称与数字分配机构），该组织主要承担域名系统管理、IP 地址分配、协议参数配置及主服务器系统管理等职能，是一个非营利性机构。ICANN 行使 IANA 的职能，负责协调管理 DNS（域名系统）各技术要素以确保其具有普遍可解析性，监督互联网运作中涉及的独特的技术标识符的分配以及顶级域名的授权，使所有的互联网用户都能够找到有效的

地址。迫于国际社会的舆论压力，美国政府于 2009 年批准 ICANN
国际化，形式上由一个具有国际多样化的董事会管理，为了保证
互联网顶级数据库安全，ICANN 选择了 7 个人作为钥匙的保管者。

　　美国人正控制着 ICANN 的数据库及根目录服务器等，在极
端情况下可以篡改网站域名和 IP 地址的对应规则，向某一网址
的访问者提供虚假的网站。ICANN 已经陆续改变了原来协议的
承诺，譬如 IP 地址不收费、注册域名不收费等，现在已经开始
收费。一旦 ICANN 认为有必要，将完全可以拒绝任何网络访问
解析要求。

　　美国研发了互联网，并从软硬件技术、地址资源、信息数
据、知识产权到法理层面全面控制了互联网，对世界其他各国政
治、军事、经济和文化等多领域的安全构成了潜在的威胁和挑
战。按照互联网现在的管理体系，美国可以在任何时候，对任何
国家实行互联网"制裁"。互联网实际上也成为美国越过物理意
义上的国界，对全世界进行灌输、渗透和窃密最有效的工具。美
国凭借对互联网控制的绝对优势，肆无忌惮地对其他国家政要、
企业、个人进行大范围、有组织的网络监听、监控活动，斯诺登
曝光的"棱镜计划"仅是九牛一毛。美国为了国家利益，随时有
可能撕毁互联网相关协议。美国在互联网空间对世界和平稳定的
威胁要远高于其军事实力对世界和平稳定的影响。

面对美国网络霸权，我们靠什么博弈

　　面对美国的网络霸权，我们该怎么办？当然，我们肯定不能
屈从于霸权。但基于 IPv4 时代美国"一网统天下"的现实，强

硬对抗并不明智。虽然我们有庞大的互联网市场，有不断创新的互联网应用，但这些绝对不是博弈的终极资本，因为仅依靠这些不能从根本上解决问题。从现实的角度看，只有 IPv6 才是我们的机会。利用好这个机会，在技术标准和运行规则方面抢占一席之地，才有可能突出重围。落实到具体行动上，我们要全力打造我国在 IPv6 领域的后发优势。

一是技术和标准的突破。我国在 IPv4 时代只是追赶和跟随，但在 IPv6 方面一直在寻求突破和超越，努力通过参与技术创新和标准制定获得话语权。例如，中国教育和科研计算机网先后在两代网过渡技术和基于真实的源地址认证等方面获得了国际首创性的成果，获得了多项国际互联网标准 RFC（一系列以编号排定的文件）。国内一些企业也积极参与对 IPv6 的研究，华为公司积极参与 IETF 组织的 IPv6、安全等多个技术领域的研究工作，参与制定了多个领域的 RFC 标准。当然，我们还需要更多的科研机构和企业参与到对 IPv6 的研究中来。

二是规则和资源的主导。如果不打破 IPv4 体系下的全球互联网 13 个根服务器的运营现状，美国网络霸权的格局就无从破解。2004 年我国相关机构启动了"基于 IPv6 域名根服务器研究"课题，希望在未来升级网络结构的过程中，能够改变根 DNS 服务器的分布状况。中国教育和科研计算机网、中国移动、华为等在 IPv6 方面的研究成果，无疑会增加中国在国际下一代互联网规则制定和资源分配中的话语权。然而，资源的重新分配绝不是一个简单的过程，我们要有参与博弈的技术实力，更要有指挥博弈过程的大国智慧。为了打破美国的网络霸权、推进下一代互联网发展，中国下一代互联网工程中心领衔发起、联合 WIDE 机构

（现国际互联网 M 根运营者）共同创立了"雪人计划"，已经在全球完成 25 台 IPv6 根服务器架设。中国部署了其中的 1 台主根服务器和 3 台辅根服务器，结束了中国没有根服务器的困境。目前形成了 13 台原有根加 25 台 IPv6 根的新格局，为建立多边、民主、透明的国际互联网治理体系打下坚实基础。

三是人才和用户的培养。要实现下一代互联网的超越，人才是根本，用户是基础，大规模商用普及是手段。根据《中国 IPv6 产业发展报告（2023 年）》可知，截至 2023 年 5 月，我国 IPv6 活跃用户数已达 7.63 亿，IPv6 用户占比达到 71.51%，用户规模已居世界前列。但目前 IPv6 流量主要在移动端，固网 IPv6 占比不足 16%，需要政府及相关组织制订政策引导，推动 IPv6 相关的应用普及和产品创新；需要运营商、设备商及互联网内容提供商等积极响应和通力合作。如此才能进一步提供培养下一代互联网创新人才和广大用户的环境，真正让网络强国战略落到实处。

自身的强大，才是我们在国际博弈中立于不败之地的唯一法宝。

互联网域名监管权的移交与美国的互联网地位

2016 年 3 月初，ICANN 第 55 届大会在非洲摩洛哥召开。在此次会议上，ICANN 各支持组织及咨询委员会最终就 IANA 职能监管权移交方案以及加强 ICANN 问责制方案达成共识，两份方案由 ICANN 董事会表决通过，正式递交给美国商务部下属的国家通信与信息管理局（NTIA）审批。2016 年 6 月 9 日 NTIA 宣布 IANA 过渡方案满足美国政府提出的四项原则的声明。

ICANN 第 55 届大会上，关于政府咨询委员会（GAC）权力的辩论非常激烈。在过渡之前，ICANN 章程规定：在政策的制定和采纳期间，应该适当考虑 GAC 在公共政策问题上的建议；如果 ICANN 董事会想要采取行动的事项跟 GAC 的建议存在冲突，那么 ICANN 董事会应该告知 GAC 和相关政府不采纳建议的原因。此后，GAC 和 ICANN 董事会应该开展及时有效的沟通，寻求双方皆可接受的办法。提出的建议不仅要符合 NTIA 设定的框架，即不能以政府领导的组织或政府间组织取代当前 NTIA 扮演的角色，而且要完全吻合美国参议院提出的细节要求。

美国的这些要求激起不少政府代表的激烈反弹，他们认为互联网域名管理权移交的附加条件，包括司法管辖权等，只对美国政府和其产业集团有利，缩减甚至排斥了其他国家政府的参与权。在 ICANN 第 55 届大会中涌现出来一个由法国带领的 16 个国家组成的准联盟来对抗这个会削弱各国政府权力的条款。俄罗斯指责 ICANN 改革并无新意和诚意，仍是一个西方的组织。16 国准联盟指责多利益相关方对各国政府的敌视态度，认为各国政府在 ICANN 治理结构中起到的作用太小。由于各国政府和 GAC 的权力在 ICANN 大大缩水，法国政府代表对此表达了巨大失望和不满，认为这将导致世界其他国家政府在 ICANN 被彻底边缘化，从而为美国产业利益集团让路。

这次把互联网域名和地址资源分配监管权正式移交给 ICANN，参与针对如何移交的问题进行辩论的双方是美国商务部下属的国家通信与信息管理局（NTIA）和美国参议院，国际社会并没有多大参与权。国际社会一直呼吁美国把互联网的管理权交予联合国下属国际电信联盟。

数字世界的规则不能由互联网寡头来制定

2021 年，美国 10 余个社交媒体平台先后对时任美国总统特朗普的账号进行封杀。社交媒体平台"封杀"了特朗普，而运营商反过来封杀社交媒体平台。

此事引起了全世界的警惕。社交媒体平台有权力"封杀"客户吗？运营商有权"封杀"社交平台吗？情绪可以依靠资本的力量肆意发泄吗？数字世界的规则能由互联网寡头来制定吗？所谓的"技术中立"是不现实的，最根本的还是要从法律上找出路。

与"封杀"相反的是有偿删帖等违法犯罪行为。犯罪嫌疑人在互联网上发布涉及被害人、被害单位的不实言论，并以有偿删帖形式向对方索要财物。以高额费用删帖为勒索手段，利用网络的虚拟性、隐蔽性等特点试图逃避追查。还有人以公关费、深度合作、商务洽谈等名义试图合理化自己的违法犯罪行为。

随着互联网平台化倾向日益明显，网络应用服务平台越来越多，网民的资讯沟通和表达的形式越来越多，未来数字资产会越来越多，产权纠纷也会越来越多，网民需要保护的诉求也会越来越强。但如果我们再往前走一步就会发现，作为第五疆域的网络世界里并非只有网民，还有在跨国的社交媒体巨头上发布信息的众多机构、单位、组织等，它们的资讯表达和数字资产安全甚至涉及了国家安全。

当前对于大部分应用服务平台上的数字资产，基本上是政府对提供网络服务平台的企业进行审核，然后由这些公司代为管理，其中的规定五花八门，完全无视"技术中立"的原则，而是根据企业自身利益出发来制定规则，甚至随意限制或者关停用户的账号。这种无法可依、产权界定模糊不清，非常不利于个人或者运营者保护自己的实际权益。按照正常的逻辑，这些因网络用户账号产生的数字资产应该是谁运营归谁所有，平台仅具有监管权力。

需要注意的是，网络社交平台上也有很多散布谣言等不良信息的账号，社交平台对其绝对不能姑息，关键是要找到其中的契合点和准绳——法律法规，依据法律法规进行关停"封杀"，而不应仅凭运营者的标准或情绪。

实际上，当前对于数字资产的立法保护、产权界定、继承转移交易与捐赠等都急需出台法律法规。

呼吁国际社会推动制定《互联网宪章》

网络空间是人类共同的活动空间，网络空间前途命运应由世界各国共同掌握。各国应该针对网络治理加强沟通、扩大共识、深化合作，共同构建网络空间命运共同体。为了保护网络国家主权，保护网民网络权，各国要积极推动制定《互联网宪章》。依靠《互联网宪章》，推进全球互联网治理体系变革，约束美国在互联网领域的霸权行为。

《互联网宪章》应该坚持以下原则。

（1）**保障网民网络权原则**。互联网根目录服务器、网间协议TCP/IP 和网络 IP 地址是网民应享有的基本网络权，就像阳光、空气和水一样是天赋人权。无论根目录服务器放置在何处，任何国家或机构组织都不得视为己有，任何国家、机构或组织不得非法剥夺网民的基本网络权。

（2）**尊重国家网络主权原则**。世界各国应平等参与国际网络空间事务管理。国家主权平等原则是当代国际关系的基本准则，尊重各国自主选择网络发展道路、网络管理模式、互联网公共政策的权利，不搞网络霸权，不干涉他国网络治理，不从事、纵容或支持危害他国国家安全的网络活动。

（3）**共同维护网络空间的和平与安全**。维护网络安全应有共同的标准，不能为一个国家的网络安全而造成其他国家的不安全，或导致一部分国家安全而另一部分国家不安全，更不能以牺牲别国的安全谋求自身所谓绝对安全。网络空间不应成为各国角力的战场，更不能成为违法犯罪的温床。不论是窃取商业机密、个人隐私，还是对政府网络发起黑客攻击，都应该根据相关法律和国际公约予以坚决打击。

（4）**坚持网络空间法治原则**。网络空间同现实社会一样，既要提倡自由，也要保持秩序。所以要明确规定网络空间各主体的权利和义务，相关各方都应该遵守法律和网络伦理，发展网络文明。既要尊重网民交流思想、表达意愿的权利，又要依法维护网络秩序，保障广大网民合法权益。

（5）**提倡"开放共享，合作共赢"的精神**。维护网络空间秩序，大力提倡"开放共享，合作共赢"的互联网精神，必须秉持互信互利的理念，摈弃零和博弈、赢者通吃的旧观念。各国应该推进互联网领域开放合作，资源共享，丰富开放内涵，提高开放水平，搭建更多沟通合作平台，创造更多利益契合点、合作增长点、共赢新亮点，推动彼此在网络空间优势互补、共同发展，让更多国家和网民共享互联网发展成果。

第 2 节　互联网健康发展治理

网络要美好，理性很重要

在来势汹涌的"互联网＋"大潮面前，尤其是面对其带来的生产生活和社会文化的巨大变革，理性和建设性显得尤为重要。基于互联网，世界范围内的物理距离在主观上已大大缩短，时间与空间已很难成为人际的阻隔。借助互联网，人类信息沟通品质和效率大大提高，消费渠道和支付方式悄然改变，人类的生产生活方式也产生了不小的变化。

在消费互联阶段，互联网的影响已不限于基本的衣食住行或柴米油盐。智能手机上的"红包文化"席卷大江南北，用最大众化的方式对"互联网金融"进行了科普。同时，出国旅游的国人发现：在国外一些大商场或免税店，涌现了不少支付宝的中文广告。人们在结算的时候，可以不必再使用银联卡，而是直接用支付宝进行结算。

中国网民人数已超过全国总人口的四分之三，其中使用手机支付的人数也超过了网民人数的一半。如今越来越多的人习惯出门不带钱包，在餐馆、电影院、咖啡馆、超市等消费场所，甚至路边摊贩，都可以用手机支付。相比银联卡等传统支付方式，移动支付不仅方便，而且能享有更多的折扣。移动支付的发展，让互联网真正走出了神圣的殿堂。

移动支付的普及和便捷，又助推了新兴网络消费的进一步成长，促进资源共享时代来临，例如网约车。依赖智能手机的打车软件改善了传统打车租车业的许多弊端，在很大程度上解决了传统出租车服务水准不高的问题，同时通过兼职方式满足了人们高峰时段的出行需求。相比普通出租车，网约车给消费者带来了不小的方便，提供了更高性价比的服务。

不可否认，网约车也曾出现过恶性事件。这个不断成长的网约车生态系统也面临着诸多的社会误解和监管误区。有人认为，网约车司机与软件平台之间的关系相对松散，司机和乘客的安全性都会是很大的问题。但事实上，由于有手机和信用卡等多重信息认证的保障，网约车的安全问题并不比传统出租车更突出。

相比对安全问题的担忧，网约车在政策层面遭遇的尴尬则是更严重的困扰。网约车和传统出租汽车的区别不仅体现在技术层面的不一致，更重要的是经营组织形式的不同。所以用管理出租车公司的模式来管网约车平台，显然并不合适，但相关法律和政策还有待完善。

由于缺乏规范管理，以及投资者或运营公司的不理性，我们还看到大量共享自行车的资源浪费现象等。需要呼吁的是，在"互联网＋"时代，我们不仅需要技术和应用的激情，更需要政策和监管的理性、公民参与的理性。野蛮和粗放不属于互联网时代，包容和精细才能推动经济和社会的转型。这就是理性的力量。

理性的价值在于建设性，予人尊重，于事无害。互联网的诞生才数十年，无论是底层的网络支撑，还是顶层的各种应用，还都谈不上完美，在技术上还需要逐步完善。在此基础上的互联网＋，更需要政策和管理层面的包容和探索。让我们以积极的态度，善待互联网。网络很美好，且行且珍惜。

互联网治理必须厘清四大利益相关方的界限

当前，互联网安全治理正在从技术为主进入社会综合治理的关键时期，日益迈向"多边参与、多方参与"的治理格局。保障人人享有基本的互联网权利，更好地发挥各类非国家行为主体的作用，日益成为政府和社会各界的关注焦点。互联网治理是一个非常复杂的过程，需要多方面的平衡和较量，至少涉及政府、市场、技术和网民四大利益相关方。

从国家政府角度来说，在互联网日益普及的时代，最危险的国际斗争手段，正在从军事武力打击转向信息战和网络控制权之争。某些国家凭借网络技术优势，不仅可以掌握他国的政治、经济和军事情报，还可以使其通信网络、金融系统甚至军事系统瘫痪。因此对于一国政府来说，互联网治理的目的主要是对外保障国家网络主权，对内保障社会安全稳定，减少网络犯罪。这种初衷倾向于对互联网实现绝对控制，限制了新工具的使用，客观上会限制网络的发展。

市场则恰恰相反，效率和效益优先。盈利模式是追求最优化的市场要素，所以更少的束缚、更宽容的法规是保障市场繁荣的关键，只要能满足人们的欲望，资本就会高唱赞歌。但现实网络市场中以算法排名、分级服务、智能推送等技术名义恶意敛财的诸多现象，已经严重影响市场公平交易原则，并带来诸多问题，涉及伦理、隐私和法规等。由于技术的发展和资本的贪婪本性，如果任其妄为，会严重影响社会公平正义和安全。

技术在四大利益相关方中是最为特殊的一方，主要体现为：

它既是构建网络空间、实现网络治理的关键要素和基础，又必须具有无差别对待的根本属性，即保证技术的中立性。大多数技术都是为了满足社会的需求，技术无所谓好坏，关键是使用者的善恶，这不但需要道德伦理的约束，更需要法律法规的完善和规范。网络技术中立的核心是信息系统规范，信息系统规范具体表现为信息系统、信息自身及信息使用中的机密性、可鉴别性、可控性、可用性，具体反映在信息系统物理规范、运行规范、数据规范、操作规范四个层面，也就是信息流转全过程的规范。只有坚持网络的中立性原则才能依法治理网络，这也是网络治理基础中的基础。

网民是互联网时代的最大受益者，但多数网民都是自己利益最大化的追求者，网民自带的自由和攀比的天性对来自政府、市场和技术的任何限制都会本能反对。无原则的效益优先和无原则的公平可能在同一个群体中出现，当他们处于优势地位时会片面强调效益优先，当他们处于弱势地位时往往强调公平。同时，互联网海量的信息在满足了其知情权的同时，也带来了极大的信息冗余，造成其无所适从，并为使用虚假内容利用人性的弱点进行传播的人提供可乘之机。因此不仅要尽快提升网民的信息素养，还要提升网民自我认知、不信谣、不传谣的社会素养。

总之，互联网空间的治理必须要厘清政府、市场、技术和网民的界限和优点缺点，要通过政府的良性管制促进互联网的聚集效应和市场繁荣，要让更多具备良知、公益精神的科学家通过更先进的技术去弘扬网民的善，抑制市场的恶，从而达到促进世界和平，达成人类社会网络和谐的目标。

建设网络强国要求加快网络法制建设

近年来中国共产党中央委员会不断强调建设网络强国的重要性。经过多年努力，我国网络综合治理体系已基本建成，网络安全保障体系和能力持续提升，网信领域科技自立自强步伐加快，信息化驱动引领作用有效发挥，网络空间法治化程度不断提高，网络空间国际话语权和影响力明显增强，网络强国建设迈出新步伐。新时代新征程，网信事业的重要地位和作用日益凸显。建设网络强国的关键在于制度安排要跟上。

当今时代，以信息技术为核心的新一轮科技革命正在兴起，互联网日益成为创新驱动发展的先导力量，深刻改变着人们的生产生活，有力推动着经济和社会发展。作为 20 世纪最伟大的发明之一，互联网把世界变成了"地球村"，是全球化的重要推动力。但是，这块"新疆域"不应是"法外之地"，网上同样要讲法治，同样要维护国家主权、安全、发展利益，同样要保护网民和社会组织机构的合法权益。

《中华人民共和国网络安全法》（以下简称《网络安全法》）自 2017 年 6 月 1 日起施行，需要注意的是，网络法制建设不是一个单向的过程，也不是一部《网络安全法》就能全部涵盖的。

《网络安全法》第十二条规定："国家保护公民、法人和其他组织依法使用网络的权利，促进网络接入普及，提升网络服务水平，为社会提供安全、便利的网络服务，保障网络信息依法有序自由流动。"如何理解使用网络的权利就需要法律来界定了。当然公民最基本的权利宽泛得多，也复杂得多，包括生命、健康、人格、名誉和人身自由等，以及与人身直接有关的权利，如何在网络世界里保护这些权利？

既然在物质世界追求人人生而平等，那么，该如何定义网络世界的公平呢？我们都知道，一般意义上的公平指的是机会公平、过程公平和结果公平，它同样适用于互联网。

1. 网络技术中立是公平的基础

网络技术中立是公平的基础，在某种意义上，这种中立可以解释为在法律允许范围内，所有互联网用户都可以按自己的选择访问网络内容、运行应用程序、接入设备、选择服务提供商。这一原则要求网络技术规范要平等对待所有互联网用户、内容服务和访问链接，防止运营商从商业利益出发控制传输数据的优先级，保证网络数据传输的"中立性"。只有坚持网络技术的中立性原则才能依法治理网络，这也是网络治理基础中的基础。

2. 不能把网络公平理解为网络平均和绝对自由

《网络安全法》第十二条规定："任何个人和组织使用网络应当遵守宪法法律，遵守公共秩序，尊重社会公德，不得危害网络安全，不得利用网络从事危害国家安全……以及侵害他人名誉、隐私、知识产权和其他合法权益等活动。"互联网从来就不是一个纯自然、纯技术的世界，即便在网络技术中立的条件下，它仍然是一个充满社会属性的世界。显然，它与现实社会一样，都需要有法可依、有章可循，不可能也无法做到绝对自由。

网络从来不是法外之地，不存在绝对自由，网民的网络行为需要法律设定边界，网络立法与现实立法可以求同的地方就在于要用法规来约束因人性私欲产生的恶，不能把私欲当成是个人的自由，要用法律限制个人不法欲望的膨胀。

"霸王条款"不灵了，个人信息保护有了法律依据

2021 年 11 月 1 日，《中华人民共和国个人信息保护法》（以下简称《个人信息保护法》）正式实施，这是一部保护公民个人信息的专门法律，与《中华人民共和国网络安全法》《中华人民共和国数据安全法》《中华人民共和国电子商务法》《中华人民共和国消费者权益保护法》等法律共同编织成一张消费者个人信息的"保护网"。

这部法律对非法买卖个人信息、大数据杀熟等广泛为人诟病的现实问题作出针对性规定，是数字世界个人信息保护的基本法。从此，公民个人信息的保护和维权不再由商家"霸王条款"解释了，而是实实在在拥有了法律武器。

可以用几句话通俗地概括《个人信息保护法》：

（1）你（服务商）要开采我的数据，需要我明确同意。

（2）我要把我的数据移走，你不得阻拦。

（3）我要求你删除我的数据，你不能留存。

（4）你不能用我的数据来对付我（禁止大数据杀熟）。

"基于个人同意处理个人信息的，该同意应当由个人在充分知情的前提下自愿、明确作出""基于个人同意处理个人信息的，个人有权撤回其同意""个人信息处理者不得以个人不同意处理其个人信息或者撤回同意为由，拒绝提供产品或者服务"……在"告知—同意"的核心规则方面，《个人信息保护法》明确提出，个人信息处理者在处理个人信息前向个人告知相关事项时，"应当以显著方式、清晰易懂的语言"真实、准确、完整告知，处理包括人脸等在内的敏感个人信息时，必须取得单独同意。

《个人信息保护法》还规定，处理个人信息应当"遵循合法、正当、必要和诚信原则，不得通过误导、欺诈、胁迫等方式处理个人信息""具有明确、合理的目的，并应当与处理目的直接相关，采取对个人权益影响最小的方式"；收集个人信息应当"限于实现处理目的的最小范围，不得过度收集个人信息""处理个人信息应当遵循公开、透明原则，公开个人信息处理规则"……在对应用程序收集、处理个人信息行为作出明确规范之外，《个人信息保护法》还规定了对违法行为的惩处规则，对违法处理个人信息的应用程序，最高可处5000万元的罚款。

更重要的是，该法规定，"个人信息处理者"有"举证倒置"的义务。例如：早上你接刚生完孩子的妻子出医院，下午就接到多家奶粉公司的电话，你有理由怀疑是医院泄露了你们的个人信息，但你没有证据，此时就可以要求医院证明院方没有泄露你们的信息。如果院方不能证明自己对住院者信息进行了有效保护，那院方将承担法律责任，这将极大降低消费者的举证难度。

信息时代，《个人信息保护法》的实施具有划时代的重大理论意义和现实意义。随着网络信息技术和数字经济的快速发展，数据已经成为基本生产要素和国家战略资源，其中的核心之一就是个人信息。数据信息只有流动起来，才能为数字经济源源不断地注入底层动力，提升社会资源配置效率。但是，这种流动不是无序流动，只有充分保护个人信息，筑牢安全防线，才能夯实数据要素自由流动的基础，实现保护与利用的相互促进。通过立法加强个人信息保护已成为保护公民隐私和生命财产安全、规范网络健康有序发展的必然要求。

加大农村互联网基础设施投入

互联网已经融入城市社会生活和生产的方方面面，深刻改变了人们的生产和生活方式。互联网是一个社会信息大平台，亿万网民在上面获得信息、交流信息，提供新的求知途径，发展新的思维方式，改变价值观念和生活习惯。与大城市相比，我国农村互联网基础设施建设落后，要加大投入力度，加快农村互联网建设步伐，扩大光纤网、宽带网在农村的有效覆盖。如果不积极创造条件，让更多农民方便使用互联网，势必造成城乡思想观念、数字鸿沟的进一步加大，导致更大的贫富差距。中央提倡精准扶贫，加大农村互联网基础建设是更精准、更公平的扶贫。可以发挥互联网在脱贫攻坚中的巩固作用，持续推进精准扶贫、精准脱贫，让更多困难群众用上互联网，让农产品通过互联网走出乡村，让山沟里的孩子也能接受优质的教育。

互联网服务要适应广大农村的期待和需求，加快信息化技术和服务普及，降低互联网使用成本，为广大农民提供用得上、用得起、用得好的信息服务，让亿万人民在共享互联网发展成果上有更多获得感。通过互联网信息技术的发展，可以提高农业现代化水平，提高农业生产智能化、经营网络化水平，帮助广大农民增加收入，同时会为城市人口的食品安全提供保障。发挥互联网优势，利用城市资源，在农村实施"互联网＋教育""互联网＋医疗""互联网＋文化"等，促进农村基本公共服务均等化，提高农民工返乡创业的积极性。加快推进县、乡镇的电子政务和信息公开建设，鼓励各级政府部门打破信息壁垒、提升服务效率，让百姓少跑腿、信息多跑路，解决办事难、办事慢、办事繁等问题。

信息是国家治理的重要依据，少了农村和农民的信息肯定是不完整的信息，要发挥农村和农民在这个进程中的重要作用。推进国家治理体系和治理能力现代化，不能忘了农村和农民。要以信息化推进国家治理体系和治理能力现代化，全面统筹发展农村和城市的电子政务，构建一体化在线服务平台，分级分类推进新型智慧城市建设，打通农村信息壁垒和信息孤岛，构建全国信息资源共享体系，更好地用信息化手段感知社会态势、畅通沟通渠道，为科学决策提供准确信息。

互联网时代需要补补"文化"课

多年前，纽约大学的首席信息官 Tom Delany 出席"中美大学 CIO（首席信息官）论坛"时，提到"纽约大学正在建立全球网络大学"，学生能在全球的任何一个门户大学进行学习。2015年会议 Tom Delany 再度受邀来华参加中美网络论坛（CANS）时称，当年的设想已经实现，纽约大学的 13 个校园、16 个教学园区已经如同一体。对于正在感受互联网＋教育浪潮洗礼的中国大学来说，这是一个新的警醒。

MOOC（慕课）、SPOC（小规模限制性在线课程）、翻转课堂、移动学习、混合学习、手机课堂……各种各样的教育方式走进了课堂，各种教育资源正在以指数级的速度向社会释放。然而，在国内各种论坛热闹的背后，信息技术与教育的真正融合还停留在表面，并没有带来深层次的变革。公开课模式的尴尬与困局，也许会重复上演。

"互联网＋"环境下的教育，让一切想象都变得皆有可能，但在全球化的浪潮中，为互联网时代补补"文化"课很有必要，开放和协作是两门必修课。

首先要补的课是互联网精神——"合作共赢，开放共享"。互联网文化是开放文化。不论教育的形式和方式如何改变，也不论对教育工作者和受教育者本身信息素养的要求有多高，仅"开放"两个字，就应该是渗透到每个个体的文化精神。

21世纪是合作的世纪，不能单打独斗。无论你的网页建设得如何好，但只要与外面不互联，作用就会很有限。互联网上有天量数据，各种门类的数据库纷纷建立。然而，大到国家的不同系统、不同行业，小到一个单位的不同部门之间，数据不关联，烟囱林立，新的孤岛正在形成。单打独斗的情况应尽快消除。

协作式学习在国外是一个课堂的常态化学习模式，但我们的孩子们在这方面接受的训练的确是很少。大多数中小学老师已经习惯了灌输式地教授知识。所以，本应该从小就培养的协作学习，到大学里才被提倡，结果可想而知。用人单位抱怨新人缺乏协作精神的比比皆是。在互联网时代的今天，协作精神不是可有可无的。"两创"（大众创业，万众创新）风潮中，我们缺乏的不是创业精神，更多的是职业精神和团队协作精神。不管是虚拟的网络世界，还是现实的物质世界，模块化的生产方式，决定了协作必须成为主流，合作是成功的必由之路。时代要求每个个体都要留出开放的接口，并成为整体（全球）价值链的组成部分。

审视信息技术如何重塑全球教育生态，为的是在全球的视野下，看到别国教育与我国教育的差异，从中获益，并对未来进行规划与设计。在我们向一流学科、一流大学努力推进的过程中，

应有全球化的视野，更应有合作共赢、开放共享的精神，只有这样，全世界的舞台才能成为我们的舞台。⊖

互联网的发展将带来信息社会的新型伦理关系

人类生存的三大要素是物质、能量和信息。在农业社会和工业社会中，物质和能量是主要资源，人们从事的是大规模的物质生产。信息社会是继工业社会以后，信息将起主要作用的社会。在信息社会中，信息将成为比物质和能量更能影响人类生存的要素，成为更为重要的资源。与信息关联的经济活动迅速扩大，逐渐超越工业生产活动规模而成为国民经济活动的主要内容。

在信息经济时代，若互联网的管理权、网络技术创新和绝大部分信息资源都集中在少数发达国家那里，那么多数发展中国家就难以利用互联网技术成果改善本国经济和社会处境，从而面临被边缘化的危险。

信息技术革命是社会信息化的动力源泉。由于信息技术在资料生产、科研教育、医疗保健、企业和政府管理以及家庭中得到广泛应用，因此对经济和社会发展产生了巨大而深刻的影响，从根本上改变了人们的生活方式、行为方式和价值观念。互联网的极大发展会产生信息社会的新型伦理关系。随着信息技术的进一步发展，视频传输几乎同步，图像搜索和声音搜索技术进一步成熟，人工智能广泛应用，互联网对人类社会的影响是全方位的。新的信息沟通渠道、新的生活方式、互联网的管理权限、大

⊖ 参见华中师范大学吴绍芬撰写的学位论文《冲突与选择：社会学视角下的大学文化冲突研究》。

数据的所有权、隐私保护与国家安全的信息冲突等，都会带来人类社会道德和伦理的新改变，以及对新的法律和规章制度建立的诉求。

要制定法规来约束互联网内容推送

根据个人的兴趣和浏览记录数据，再结合人工智能技术进行精准内容推送已经成为当前 PC 以及手机软件的标配，新闻、电商、社交等软件无时无刻不推送着各种各样的信息给我们，这种推送甚至延伸到了软件之外。"叮"的一声，你知道又有新的并且是你喜欢的消息到了。

刚才举的仅是"不作恶"的内容推送，网上还存在一些违法犯罪的作恶的内容推送，还有大量的骚扰类的内容推送、广告推送等。作恶的内容推送肯定要靠法律制裁。以下的讨论限制在"不作恶"的内容推送范围。

从某种角度来说，互联网的内容推送是一件好事，在经历了新世纪前后信息大爆炸的痛苦，很多人都在呈几何级增长的各种内容前恐惧战栗，无所适从。信息传播的 1.0 时代是传统媒体的天下，它们希望公众能够跟随内容挑选者的步伐；信息传播的 2.0 时代是网络与自媒体时代的狂欢，公众可以决定我关注谁或者忽视谁；当前无疑进入了信息传播的 3.0 时代，浅层次的人工智能正追寻着你的网络痕迹，帮你在无边无际的内容宝库或是垃圾当中分拣出你喜欢（注意并不一定是适合）的内容并推送给你，这种契合无疑可以让人处于极度舒适状态，从而让人沉迷于一种身为国王掌控一切的快感之中。

只要你看过某一方面的内容，以后就会不断收到同一类型的内容，而你不感兴趣的，就不会再出现在你面前。于是，你的视野，永远被局限在一个非常狭窄的范围，以至于每个人都为自己建设了一个孤立的内容围城，别人进不来，自己也出不去，从而成为偏执的只认同某种倾向再也不能客观看待事物的人，最终造成个人的脱节以及与整个社会的隔阂。

哈佛大学教授凯斯·桑坦斯在《信息乌托邦》中指出："信息传播中，公众自身的信息需求并非全方位的，公众只注意自己选择的东西和使自己愉悦的领域，久而久之，会将自身桎梏于像蚕茧一般的'茧房'之中。"

很明显，我们的网络社交已经变成了一个巨大的茧房。在这里，算法机制让我们只会听到我们喜欢听到的声音或者观点，而绝不会出现违背自身喜好的反面内容。这使得每个人都完全不能深入理解其他社交圈子里面的观点，里面的人不听取外界的意见，外界的意见也不可能传到里面去，因为这个世界，有一层坚硬的"外壳"。对于个人来说，这会有什么危害呢？

我们在不算漫长的一生中会面临各式各样，或大或小的海量选择，而是否能够让选择更加契合自己利益、发展及决策取决于我们对各种信息的掌握。我们对包括正反两方面的信息了解得越多，做出正确判断的概率就越大；反之，如果我们对世界的认识有偏差，做出的决策是错误的概率也就更大。

比如现在要不要买房这件事情，按照目前的推送机制，假如你从心底里就期望房价会跌下去，那么推送的信息大部分也是房价一蹶不振的信息或者迹象；反之，则接收的大部分都是房价还会上涨的信息，偏听偏信任何一个方面都会导致你的判断失误。

如何破除封锁自身头脑的信息"茧房"？除了我们自己要更加多样性、更加包容地去认识这个世界，通过不同的渠道去获取信息外，国家有关部门也应该对内容的无限制推送进行立法和规范，否则长期沉迷于这种"投你所好式"的网络环境中，很可能会造成连锁的不良反应。

说实话，现在这种内容推送仅处在以商业利益为主的起步阶段，当这种推送手段被不良势力控制后，社会的公平正义将会受到严重威胁，正常生活会受到严重干扰。例如：我们在微信朋友圈中经常会看到你并不希望看到的广告，某种程度上算是一种打扰。现在腾讯公司还算克制，如果腾讯公司继续在微信朋友圈增加广告投放量，你会不胜其扰，甚至会导致你就不用微信了。难道我们只能靠企业自我约束吗？

第 3 节　互联网国际政策参考

美国《2022 年关键基础设施网络事件报告法》概述

2022 年 3 月 15 日，拜登总统签署了《2022 年综合拨款法案》(*H.R.2471-Consolidated Appropriations Act*，2022)，这是 2022 财年的综合支出法案。该法案中特别值得关注的是《2022 年关键基础设施网络事件报告法》(*Cyber Incident Reporting for Critical Infrastructure Act of 2022*，简称"网络事件报告法"，本小节后面简称"该法案")，因覆盖实体广泛，引起全美范围内的诸多关注与讨论。

该法案的核心议题是"数据泄露通知"，虽然它不是全新的概念，但之前的立法主要集中在确保公司在客户的非公开个人信息（NPI）被泄露时通知它们的客户。此次法案要求覆盖实体向网络和基础设施安全局（CISA）报告"覆盖实体经历的符合CISA局长在最终规则中确定的定义和标准的实质性网络事件"。

该法案要求关键基础设施领域的某些实体向美国国土安全部（DHS）报告：任何遭遇重大网络事件的覆盖实体必须在72小时内向CISA报告该事件，以及与勒索软件攻击有关的赎金支付也必须在支付后24小时内向CISA报告（即使勒索软件攻击不属于前一点中要报告的网络事件）。

如果有大量新的或不同的信息，或在法案管辖范围内的实体通知美国国土安全部前事件已经结束和缓解，也需要补充报告。此外，法案管辖的实体必须根据CISA局长发布的规则，留存与法案规定的网络事件及赎金支付有关的信息。

具体来说，该法案涵盖了关键基础设施部门[○]中的符合CISA局长定义的实体。这些部门包括关键制造业、能源、金融服务、食品和农业、医疗保健、信息技术和运输。在进一步定义覆盖实体时，CISA局长将考虑一些因素，如损害一个实体可能导致的国家和经济安全的后果，该实体是否是恶意网络行为者的目标，以及攻击这样一个实体是否能够破坏关键基础设施。[○]

（1）**网络事件**：部分借用了《2002年国土安全法》第22章第2209（a）（4）条，该法案规定的网络事件一般是指在没有合法

○　这些部门是由总统政策指令21（Presidential Policy Directive 21）定义的。

○　参见孔勇等人撰写的《强制关键基础设施网络事件报告加强勒索软件攻击应对措施：美国〈2022年关键基础设施网络事件报告法〉解读》，发表于2022年《中国信息化》第4期。

授权的情况下，危害信息系统或信息系统信息的完整性、保密性或可用性的事件。根据该法案，网络事件必须是由 CISA 局长进一步定义的"重大网络事件"才能被涵盖。

（2）**信息系统**：指"为收集、处理、维护、使用、共享、传播或处置信息而组织的一套离散的信息资源"，其中包括工业控制系统，如监督控制和数据采集系统、分布式控制系统和可编程逻辑控制器。

（3）**赎金支付**：指在任何时候作为赎金交付的与勒索软件攻击有关的任何金钱或其他财产或资产，包括虚拟货币等。

该法案规定的网络事件的报告需要包括如下几个方面。

（1）对法案规定的网络事件进行描述，包括受影响的信息系统、网络或设备的识别和功能描述，这些系统、网络或设备已经或有理由相信已经受到影响。

（2）描述未经授权的访问，导致受影响的信息系统或网络的机密性、完整性或可用性的严重损失，或业务或工业运作的中断。

（3）此类事件的可能日期范围。

（4）对法案管辖的实体的影响。

（5）描述被利用的漏洞和已实施的安全防御措施，以及用于实施法案规定的网络事件的战术、技术和程序（如适用）。

（6）有理由相信应对该网络事件负责的每个行为者的身份或联系信息（如适用）。

（7）如果适用的话，被认为或有理由认为被未经授权的人访问或获取的信息类别。

（8）明确识别受影响的法案管辖的实体的名称和其他信息，

包括（如适用）该实体的注册或组建国家、商号、法定名称或其他标识符。

（9）法案管辖的实体的联系信息，或在适用的情况下，覆盖实体的授权服务供应商。

赎金支付报告也需要类似信息，包括：

（1）赎金支付要求，包括要求的虚拟货币或其他商品的类型（如适用）。

（2）赎金支付指示，包括有关支付地点的信息（如适用）。

（3）赎金支付的金额。法案管辖的实体可以使用第三方，如事件响应公司、保险商或服务提供商来提交这些报告，但这并不免除法案管辖的实体的报告义务。

国土安全部的国家网络安全和通信集成中心（National Cybersecurity and Communications Integration Center，NCCIC）负责开展各种活动，根据该法案接收和分析报告。这些活动包括：评估网络事件对公众健康和安全的潜在影响；与适当的联邦部门和机构协调和分享信息以确定和跟踪赎金支付，包括使用虚拟货币的赎金；在自愿的基础上，促进事件相关人之间及时分享与法案规定的网络事件和赎金支付有关的信息，特别是与正在发生的网络威胁或安全漏洞有关的信息。

虽然该法案围绕定义和流程提供了一些信息，但该法案中列出的新的网络报告要求将不会生效，直到 CISA 发布"最终规则"来定义关键定义和要求。CISA 局长与部门风险管理机构、司法部和其他联邦机构协商，被要求在该法实施后 24 个月内（2022 年 3 月 15 日起算）发布"拟议规则制定通知"，然后在拟议规则发布后 18 个月内发布最终规则。如果利用整个时间框架，这个新法案的要求可能会在 2025 年 9 月 15 日或前后全面实施。

欧盟就《数字市场法案》达成一致

2022 年 3 月 25 日，欧洲议会、欧洲理事会和欧盟委员会就《数字市场法案》（*Digital Markets Act*，DMA）达成了临时政治协议，该法案旨在使数字行业更加公平和更具竞争力。

法国负责数字事务的国务部长塞德里克·奥解释说："在过去 10 年中，欧盟不得不对某些大型数字企业的有害商业行为处以创纪录的罚金。DMA 将直接禁止这些做法，并为新玩家和欧洲企业创造一个更公平和更具竞争力的经济空间。这些规则是刺激和释放数字市场、增强消费者选择、在数字经济中实现更好的价值共享和促进创新的关键。欧盟是第一个在这方面采取这种决定性行动的，我希望其他国家将很快加入我们。"

由于规则严苛、涉及面广泛，DMA 被视为到目前为止全球最严格的科技监管立法尝试。观察家称，它或将彻底改变科技公司、特别是互联网巨头的运营方式。

DMA 最引人注意的创新在于其主要针对被欧盟监管机构定义为"守门人"（Gatekeeper）的互联网公司。它们通常具有举足轻重的行业地位，并经营着作为用户重要入口的"核心平台服务"。核心平台服务包括网络中间服务，以及与搜索引擎、社交媒体、视频分享、操作系统、云计算和广告投放等相关的服务。

哪些互联网公司被认为是守门人？理事会和欧洲议会同意，一家互联网公司要想成为守门人，首先它必须在过去三年中在欧盟范围内有至少 75 亿欧元的年营业额，或者有至少 750 亿欧元的市场估值；其次它必须有至少4500万月度终端用户和至少10 000个在欧盟建立的商业用户。该互联网公司还必须在至少三个成员国控制一个或多个核心平台服务。

为确保条例中规定的规则是相称的，除特殊情况外，中小企业可免于被认定为守门人。为了确保义务的渐进性，还规定了"新兴守门人"的类别。这将使委员会能够对那些具有一定竞争地位但尚未展现出持续经营能力的公司施加某些义务。

守门人必须做到如下事情。

（1）确保用户有权在与订阅类似的条件下取消对核心平台服务的订阅。

（2）对于最重要的软件（如网络浏览器），不要求在安装操作系统时默认使用该软件。

（3）确保即时通信服务的基本功能的互操作性。

（4）允许应用程序开发人员公平地使用智能手机的补充功能（如NFC功能）。

（5）允许卖家访问他们在平台上的营销或广告业绩数据。

（6）向欧盟委员会通报他们的收购和兼并情况。

守门人不能做到如下事情。

（1）将自己的产品或服务排在高于他人的位置（自我推荐）。

（2）为了另一项服务重新使用在一项服务中收集的私人数据。

（3）为企业用户制定不公平的条件。

（4）预先安装某些应用程序。

（5）要求应用程序开发人员使用某些服务（如支付系统或身份提供服务），以便在应用程序商店中列出。

如果一个守门人违反了法律规定，有可能被罚款，一般最高为其全球总营业额的 10%。对于重犯，可能会被处以最高达其全球营业额 20% 的罚款。

如果一个守门人系统性地不遵守 DMA，即在八年内至少三次违反规则，欧盟委员会可以展开市场调查，并在必要时实施行为或结构性补救措施。

如果一家互联网公司有充分的理由反对被指定为守门人，它可以通过一个特定的程序来提出异议，欧盟委员会检查这些论点的有效性。

为了确保内部市场的高度协调，欧盟委员会将是该法规的唯一执行者。欧盟委员会可以决定参与监管对话，以确保守门人对他们必须遵守的规则有清楚的了解，并在必要时明确其应用。

根据 DMA 的要求，将成立一个咨询委员会和一个高级别小组，以协助和促进欧盟委员会的工作。成员国将能够授权国家竞争管理机构开始调查可能的侵权行为，并将调查结果转交给欧盟委员会。

为了确保守门人不会破坏 DMA 中规定的规则，该法案还给出了反规避条款。

美国首次公布《美国数据隐私和保护法案》草案全文

2022 年 6 月 3 日，美国参议院和众议院发布了《美国数据隐私和保护法》（the American Data Privacy and Protection Act，ADPPA）的草案，该草案是第一个获得两党两院支持的美国联邦全面隐私保护提案。这项具有分水岭意义的隐私保护法案，将为数据隐私保护引入一个美国联邦标准。ADPPA 旨在通过为个人提供广泛的保护，并对被保护实体提出严格的要求，为保护个人数据创建一个强有力的国家框架。

目前，针对特定行业的规定和各州法律构成了美国隐私法规和权利的主干，因此国家保护隐私框架将为这一美国核心权利建立一个统一的系统。然而，ADPPA 获批的主要障碍是如何解决优先权和是否给予个人私人诉讼权（PRA），这两方面引发了激烈争论。

ADPPA 将建立基本的消费者数据权利，对所有组织如何处理个人数据施加某些义务（称为忠诚义务），并对大型数据持有者（定义为拥有 10 万及以上个人敏感数据，或 500 万及以上个人非敏感数据的组织）和处理数据的第三方服务提供商提出额外要求。该法案将适用于所有组织，包括非营利性组织和电信公司，并在联邦贸易委员会（FTC）内设立一个新部门，负责执行该法案。

长达 64 页的 ADPPA 草案共设置了 4 章 27 节，涉及国会中已经持续了 20 多年的隐私保护辩论的方方面面。在篇章体例上大体为"一般原则 + 个人权利 + 企业责任"。

该提案由两个关键条款组成：联邦优先权和私人诉讼权（PRA）。值得注意的是，这是目前国会审议中唯一包含这两个部分的法案。熟悉通用数据保护（GDPR）的人可能会注意到，该法案借鉴了欧盟立法的许多关键原则，如数据最小化（Data Minimization，DM）、隐私设计（Privacy by Design，PbD）和同意条件。

ADPPA 确立了联邦对州隐私法的优先权，这意味着其规定将取代许多现有的州隐私法。但有一些保护措施，如面部识别法、雇员隐私权法、网络犯罪法和消费者保护法，将在州一级保持有效。该法案众多的豁免条款表明，该法案的通过将需要两党的妥协。例如，如果该法案获得通过，其条款将不会取代伊利诺伊州的《生物识别信息隐私法》（BIPA）或加利福尼亚州的《加州消费者隐私法》（CCPA）的几个关键部分。该法案预计将取代科罗拉多州、弗吉尼亚州和康涅狄格州的大量隐私法。换句话说，该法案要通过，必须会经历各州激烈的权益争夺过程。

ADPPA 为违法行为制定了 PRA。例如，选择不接收定向广告的互联网用户将有权起诉在网上不适当地出售该用户数据的实体。PRA 的范围是存在争议的，因为一些人担心如果解释得太宽泛，会带来大量的诉讼，而另一些人则担心如果 PRA 太窄，会使其失去作用。

此外，ADPPA 要求公司尽量减少数据收集行为，只收集业务运作需要的数据。该法案还禁止平台实体向用户收取费用来访问用户自己的个人数据（这有几个狭义的例外，如消费者忠诚计划或金融数据被用来完成交易）。

1. 忠诚义务

"忠诚义务"是指 ADPPA 针对各类型数据限定了不同的使用目的，企业等实体在使用时不得超出限定目的。第一章的忠诚义务篇包含了数据最小化、隐私设计和定价忠诚义务等内容。ADPPA 对"忠诚义务"的理解是非常具体的，直接落实到各类数据的具体适用场景。ADPPA 以列举的方式详细指明了几大常见类型数据法律允许的使用目的，或获得的同意是否需要明确、肯定，是否需要独立、显眼。涉及的数据类型包括社会安全号码、精确地理位置、生物识别信息、密码、私密图像、遗传信息、网络搜索、网页浏览记录、身体活动信息……

2. 消费者权利

在第二章，ADPPA 概述了对组织张贴隐私通知和联邦贸易委员会公布法案条款的透明度要求，告知消费者根据法案享有的权利。作为隐私通知的一部分，各组织将被要求以可理解的方式详细说明其处理活动，并提供联系信息，正在收集、处理或转移的数据类别，以及个人数据被转移的第三方。

根据现有的法案草案，用户也将有权纠正、访问或删除自己的数据。一旦用户修改了公司持有的他们的数据，那么责任就会转移到该公司身上，该公司要将任何变化告知第三方。

第二章还涉及保护儿童数据的内容，包括禁止公司向 17 岁以下的用户传播目标广告，以及禁止与个人在根据涵盖实体处理涵盖数据的方式获得商品或服务的过程中出现歧视和不平等现象。这些要求可转换为对依赖自动决策和人工智能的企业更广泛的问责要求，以防止在这种处理中出现偏见和歧视行为。

3. 企业问责制

ADPPA 还建立了一系列"企业问责"机制，包括一些只针对大型数据持有者的机制。例如，所有数据持有者必须指定一名或多名隐私和数据安全官员，负责落实遵守法律的问题。大型数据持有者还必须配有一名隐私保护官员，他直接向机构负责人报告，负责进行全面的隐私审计，为员工提供隐私培训，并作为监管机构的主要联络点。大型数据持有者还必须完成两年一次的隐私影响评估，评估其数据做法的好处与对个人的潜在风险。使用算法的大型数据持有者也必须向联邦贸易委员会提交年度算法影响评估报告，详细说明他们正在采取的步骤，以减小其算法的潜在危害。因此，许多企业将需要任命首席隐私官（CPO）和首席信息安全官（CISO），以满足 ADPPA 的要求。

4. 执行与适用

ADPPA 草案规定，在其颁布后一年内成立一个新的局，以协助 FTC 行使权力。州检察长（AGs）如果有理由相信被保护实体违反了该法案，也将有权以州的名义提起民事诉讼。ADPPA 的草案文本中包括了私人诉讼权，但它只在该法生效四年后才会适用，并允许任何遭受损失的个人向联邦法院提起民事诉讼，并要求获得金钱赔偿。

美国发布针对数字资产的行政命令

2022 年 3 月 9 日，美国总统拜登签署了《关于确保负责任地发展数字资产》的行政命令。该命令指示美国中央银行和监管部门开始着手围绕数字货币的发展和现有数字资产的监管进行行动。行政命令是美国宪法赋予总统的行政特权，不需要国会批准，具有法律效力，有助于行政分支履行自己的责任。这是美国历史上第一份针对数字资产领域采取整体政府手段签署的行政命令。

1. 签署行政命令的背景

近年来，包括加密货币在内的数字资产出现了爆炸性增长。2021 年 11 月，非国家发行的数字资产总市值达到 3 万亿美元，而在五年前，这一数字仅为 140 亿美元。同时，全球货币当局也在探索并在某些情况下引入央行数字货币（CBDC）。以中国为例，由央行发行的代表国家主权的数字货币已在积极试点。虽然眼下涉及数字资产的活动大致在美国现行法律和法规的范围内，但不可忽视的是，数字货币始终与洗钱等非法金融、黑市、暗网等网络犯罪行为紧密关联。在这个快速增长的全新领域，美国希望确保其世界主导地位。

2. 美国在数字资产上的 6 个主要政策目标

《关于确保负责任地发展数字资产》规定了美国在数字资产上的 6 个主要政策目标。

（1）保护美国消费者、投资者和企业。

（2）保护美国和全球金融稳定，减少系统性风险。

（3）减轻滥用数字资产带来的非法金融和国家安全风险。

（4）加强美国作为全球金融体系领导者的地位。

（5）促进获得安全和负担得起的金融服务。

（6）支持技术进步，促进数字资产负责任地发展和使用。

3. 针对 6 个政策目标制定的措施

针对《关于确保负责任地发展数字资产》规定的 6 个政策目标制定的措施如下：

（1）财政部等相关机构要制定政策来切实保障美国消费者、投资者和企业的权益。财政部和其他相关机构要评估和制定政策建议，以应对不断增长的数字资产产业和金融市场变化对消费者、投资者、企业和经济增长的影响，保护美国消费者、投资者和企业。

（2）鼓励监管机构加大监管力度，以防范数字资产带来的任何系统性金融风险。金融稳定监督委员会要识别数字资产带来的系统性金融风险，并制定适当的政策建议以解决监管漏洞，保护美国和全球金融稳定并降低系统性金融风险。

（3）相关政府机构及其合作伙伴要加强协作来共同打击非法金融活动。该行政命令强调美国所有相关政府机构要共同协作，以减小非法使用数字资产带来的非法金融和国家安全风险。此外，它还指示各机构与盟友在确保国际准则、监管能力方面和合作伙伴保持一致，并对风险做出响应。

（4）商务部牵头负责与政府其他部门建立合作框架，以加强美国在技术和经济竞争方面的领导地位。该框架的建立旨在强调利用数字资产技术来加强美国在全球金融体系中的领导地位，将会成为美国数字政策、研发和操作运营的基础指引。

（5）财政部牵头负责研究数字资产在普惠金融方面的创新应用和影响。该行政命令称安全、负担得起和可获得的金融服务是符合美国国家利益的，必须要为数字资产创新方法提供信息，包括不同的影响风险。财政部部长要与相关机构合作，编写一份关于未来货币和支付系统的报告，包括对经济增长、金融增长、金融包容性、国家安全的影响，以及技术创新对未来的影响。

（6）在支持技术创新的同时确保负责任地开发和使用数字资产。美国政府要采取具体措施，研究和支持负责任地开发、设计和实施数字资产系统方面的技术，同时优先考虑隐私、安全、打击非法利用，并减少对生态环境的影响。㊀

㊀ 参见《他山之石：美国的 Web3.0 政策评介》，发表于 2022 年 07 月 18 日的《经济观察报》（版次：29 版）。

4. 强调重点与时间节点

《关于确保负责任地发展数字资产》进一步强调，需要探索围绕数字资产的创新，以推动美国的技术竞争力，同时识别和解决数字资产技术带来的全球风险和国内风险。该行政命令还指示就其中概述的所有政策目标进行广泛的机构间磋商和合作，包括与行政部门以外的监管机构合作，如与证券交易委员会和商品期货交易委员会合作。此外，该行政命令指示建立一个合作机制，以便就相关问题进行机构间的国际参与。

落实该行政命令提出的目标的具体步骤，包括研究和法规，将在未来几个月展开。参与数字资产的公司，包括发行、持有、交易或投资数字资产的公司，不需要采取任何与行政命令有关的当前行动。相反，该行政命令应被视为一个信号，即美国政府将数字资产部门视为全球经济中的一个重要和永久的固定部分，并建立了一个未来发展和监管的路线图。

《关于确保负责任地发展数字资产》要求在未来180天内，美国财政部、商务部和司法部需要提交各自领域的数字资产研究报告，阐述具体的政策标准，并行动起来，构建框架或对话机制。

《关于确保负责任地发展数字资产》还提出美联储等相关机构要积极探索美国中央银行数字货币（CBDC）。在180天内，司法部部长必须向总统提供一份关于发行美国CBDC是否需要立法改革的评估，并在210天内提供一份相应的立法建议。

第7章 | CHAPTER

互联网与人类文明发展

第1节　互联网影响社会方方面面

信息素养的提高变得越来越重要

物质、能量和信息是构成人类生存和发展的三大基本要素。人类最先认识并开发利用的是物质资源，人类把它们转化为生产资料或材料，制造了满足人类衣食住行需要的生产工具和生活用品。

能量是维持万物运动变化的能源和基础，是维持自然界生态平衡的动力和源泉。大约18世纪人类开始比较系统地认识和开发能量资源，把它转化为动力，制造了不需要人力驱动的生产工具，劳动生产率得到大幅度提高。

任何事物运动的状态和方式都会产生特定的信息。信息是指音讯、消息、通信系统传输和处理的对象，泛指人类社会传播的一切内容。物质结构和运动变化的规律，包含相互作用力和产生运动的各种条件，为人类提供了关于自然的丰富信息。对生物或社会这种复杂系统来说，许多规律的作用是通过信息传递而启动或停止的。随着社会发展和科学技术的进步，人类开始比较自觉地认识和开发信息资源，把它转化为知识，因而可以制造出更多的信息化、自动化和智能化的生产工具，劳动生产率和劳动质量得到前所未有的提高。

特别是计算机和互联网的发明，人类对信息的认识和利用日趋深入和广泛，信息资源的地位与作用日益凸显，信息已成为社会发展中的一个主导因素，是客观世界不可或缺的重要资源。人通过获得、识别自然界和社会的不同信息来区别不同事物，以认识和改造世界。

在当前的信息时代中，信息已经成为人类生存和发展的重要资源。作为人类的基本需求之一，信息的获取、管理和利用对于个人和社会具有重要意义。因此，信息素养的提高变得尤为重要。

（1）提高信息素养可以帮助个人更好地获取和筛选信息。在信息时代，我们面临着海量的信息，需要从中获取我们需要的信息。具有良好的信息素养，可以培养判断信息来源、真实性和可信度的能力，从而更准确地识别和获取有价值的信息。这种能力对个人的决策、学习和工作具有直接的影响。

（2）提高信息素养可以帮助个人更好地应对信息的快速传播和更新。信息时代的信息传播速度非常快，并且信息更新迅速。要跟上信息的脚步，我们需要具备掌握新技术和工具的能力，例如掌握使用各种媒体平台、社交网络和数据分析工具等，这样就可以及时了解和适应信息的变化，不断学习和更新自己的知识和技能。

（3）提高信息素养还可以帮助个人更好地参与到社会和文化活动中。在信息时代，信息交流成为社会和文化的重要组成部分。具有较高的信息素养，可以更好地了解社会动态和文化现象，参与到社会和文化活动中，为社会发展和进步做出积极贡献。同时，在信息时代，信息的传递和分享也变得非常重要。具有良好信息素养的人，可以更好地理解和尊重他人的观点，以更加建设性的方式与他人进行交流和合作。

（4）提高信息素养能够帮助我们更好地与他人进行沟通和交流。在信息时代，社交网络和即时通信工具成为人们交流的主要方式。然而，要有效地使用这些工具，需要掌握一定的技能和知识。通过提高信息素养，我们可以学会使用各种社交媒体和沟通工具，了解网络礼仪和隐私保护等问题，从而更好地与他人进行交流和合作。

（5）提高信息素养还可以帮助我们更好地应对信息安全和隐私保护的挑战。随着网络的普及，我们的个人信息和隐私面临着越来越多的威胁。了解网络安全知识，学会保护自己的个人信息和隐私成为每个人都应该掌握的技能。通过提高信息素养，我们能够更好地认识到这些威胁，并学会使用各种安全工具和技术保护自己的个人信息和隐私。

不能成为信息时代的文盲

不要以为会玩微信就不是这个时代的文盲了。根据联合国的定义，文盲分为三类：第一类是不能读书识字的人，这是传统意义上的文盲；第二类是不能识别现代社会符号的人（如很多交通标志、体育运动符号等）；第三类是不能使用计算机进行学习、交流和管理的人。后两类被认为是功能型文盲，他们虽然受过良好的传统知识教育，但在现代科技常识方面，却往往如"文盲"般贫乏。

人类已经进入信息社会，信息已经成为发达国家经济社会发展的主导因素，而我们很多的知识、观念、意识仍停留在工业社会。进入 21 世纪以来，网络信息技术发展日新月异，以数字化、网络化、智能化为特征的信息化浪潮蓬勃兴起。没有信息化就没有现代化。党中央提出建设"网络强国""数字中国"，这对于加快释放信息化发展的巨大潜能、以信息化驱动现代化具有重大意义。以信息化驱动现代化，一个重要方面就是大力提高国民信息素养，减少信息时代的文盲。从某种意义上说，加强信息化基础设施建设、发展网络信息技术属于"硬件"建设，而提高国民信息素养则属于"软件"建设。

信息技术的发展对社会各个领域都产生了深刻影响，给人们的生产生活带来极大便利，正成为经济社会发展的重要驱动力。若对国民信息素养重视不够，则会带来一些不容忽视的问题。比如，互联网的发展让谣言扩散获得新的途径，给一些别有用心的人提供了传播谣言的平台，网络谣言混淆视听、蛊惑人心、误导网民，严重破坏网络生态；网络暴力事件屡见不鲜，给社会和谐稳定带来消极影响；网络诈骗、电信诈骗事件层出不穷，给缺乏防范意识的人带来重大损失。⊖

信息技术正渗透到社会、经济、生活的方方面面，但国民信息素养已经成为制约现代化社会进步的重要因素。信息化的推进，现代化的进步，是以全民的广泛应用为驱动的。如果国民没有足够的信息素养，再好的信息技术都很难发挥其作用，甚至可能会助长人性恶的一面，带来坏影响。可以说，高水平的国民信息素养已成为建设信息化国家的重要前提。

提高信息素养是我们在信息时代必须面对的挑战。信息素养不仅是一种技能，更是一种思维方式和生活态度。我们要不断学习和适应信息化的发展，不能让自己成为信息时代的文盲。只有提高信息素养，我们才能更好地适应信息时代的变化，更好地

⊖ 参见李志民撰写的《提高国民信息素养刻不容缓》，发表于 2018 年 1 月 16 日的《银川日报》(版次：04 版)。

利用和管理信息，从而提升自己在工作和生活中的竞争力和发展潜力。

互联网抢占舆论的核心地位

人类认识客观事物是一个复杂的过程，不同的受教育层次、不同的宗教信仰、不同的政治背景和信息占有量，会导致对同一事物有不同的认识水平，产生不同的思想，得出不同的是非结果。这形成了人类认识世界的多样性，是一种很正常的现象。但世界各国政府、政治团体、社会组织甚至企业都试图通过媒体舆论引导公众的认知，达到自己的主张。之前，引导舆论主要靠电视播报新闻、报纸发表观点、图书提供特定内容等形式。

新闻和报纸不是一回事，新闻和电视也不是一回事，报纸和电视仅是新闻的载体，互联网同样可以成为新闻的载体。

传统媒体和出版业在人类信息交流和文明发展过程中发挥过巨大的作用，计算机及互联网的发明正在推动传统媒体转变为新的业态。用数字技术通过互联网来展示内容，这是人类信息交流的一种新技术和新方式，不能理解成传统媒体的一个新类型，更不是传统出版社的音像出版部。互联网正在逐渐成为人类信息交流和知识获取的主渠道。

互联网自由传播的本质很好地满足了人类自由表达和参与的天性。无论报纸、电视、出版商、政治团体如何抬高传统媒体的地位，只要新闻回归到让社会及时了解事实真相，满足公众知情权平等的本来目的，是报纸刊登、电视播放效果好还是通过网络数字传播好，时间和实践会给出最终结论。几乎所有的行业都面临被互联网改变的局面，新闻媒体也不会例外。

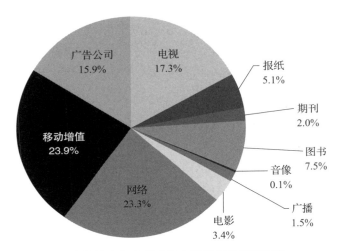

新媒体的市场产值已经占据传媒的半壁江山

　　互联网已经深刻改变了传统媒体格局和舆论生态。微信朋友圈曾流传的署名为新京报书评周刊榕小崧的文章《2015，那些匆匆告别的纸媒》，其中共列出 22 种停刊停办的报纸和期刊，其中不乏办了几十年的报刊。传统纸质媒体宣布停止发行恐怕已经不能算是新闻了，但当美国《新闻周刊》2012 年 10 月 18 日宣布将在年底结束为期 80 年的纸质发行时，美国人依然不免惊讶。八十载风行天下，一朝告别油墨，《新闻周刊》的转型反映了时代的潮流、科技的进步，而对那些喜爱阅读纸质期刊的人们来说，虽然难免伤感，但却无可逆转。

　　时间又过去了几年，各国政府、政治团体和社会组织必须要有清醒的认识，互联网改变了舆论和文化的传递模式与方式，推

动了文化的传播交融。对于网络这种传播方式与途径，应该重点研究并积极加以利用。[⊖]

人类交际圈因微信而演变成移动社群

人是群居动物。《荀子·王制篇》中谈道："人，力不若牛，走不若马，而牛马为用，何也？曰：人能群，彼不能群也。"人与人之间的群体性关系是人类社会的独有特征。互联网给人类社会带来了巨大而深远的影响，其中一个表现就是映射并发展了人类社会的群体关系。

微信的普及在一定程度上结束了互联网组群的弱关系时代，使人类的传统交际圈在网络社会有了很好的映射，开创了移动社群大发展的时代。

网络超越时空的信息互通功能，让人们扩大了自己的交往范围，把基于各种缘由关系的近距离组群，变成无地域限制的组群。按照哈佛大学心理学教授斯坦利·米尔格拉姆（Stanley Milgram）的六度分割理论，最多通过六个人你就能够认识任何一个陌生人。从最早的 BBS（电子公告板系统，一般称为网络论坛）、QQ 群到贴吧、SNS（社交性网络服务，一般指社交网站），每个个体的社交圈都在不断放大，最后成为一个大型的人际网络，由此共建起一个庞大的网络社会。

在这个网络社会里，"网友"是社群关系的最初概括。广义的"网友"关系是脆弱的。由于互联网端用户的不确定性，"网

⊖ 参见李志民撰写的《互联网将改变传统媒体主导舆论的核心地位》，发表于 2016 年的《中国教育网络》第 1 期。

友"基本属于社会学定义里的弱关系。恰恰是这种弱关系，使很多网民在互联网上无拘无束，可以尽情倾诉，毫无顾忌地畅聊，宣泄现实生活的压力。从这个意义上讲，互联网的社群关系更多是现实社会中传统群体关系的延伸。

在现实社会中，传统的交际网络以家庭为基本单位，以亲属、亲族关系为标准来划分交际范围。随着城镇化进程的加快，开放式的院落被封闭的公寓取代，传统的熟人社会关系被打破，血缘关系、地缘关系、业缘关系、同学关系等将一个人的社交范围划分成许多不同的圈子。当互联网进入移动时代，微信恰恰是将这些交际圈具体化的过程。微信通过聊天、公众平台、朋友圈、消息推送等功能，成为一个建构移动社群组织的综合平台。

微信开启的移动社群时代，在很大程度上改变了 PC 端互联网上"网友"的弱关系性质。微信朋友圈基于微信用户的所有好友，以强关系为主、弱关系为辅，将虚拟网络社区与现实社会无缝联结在一起。

一方面，微信的使用延续了 PC 端网络聊天的特点，同时又兼有智能手机的便携优势。微信沟通不仅依靠 WiFi 信号，只要手机联网信号能覆盖的地方，就可以随时随地进行聊天和信息沟通。另一方面，微信还兼具同步传播和异步传播的特性，用户既可以同时在线交流，又可以差时浏览信息，人们可以选择自己合适的时间查看好友留言。微信在不妨碍交流连贯性的前提下，使传播更加便捷自由。

除了朋友圈，微信"公众平台"还利用提供信息及服务的优势，将散落分布在网络之上的个体串联起来，形成一个个共同的微社区。无论是强关系之下形成的"朋友圈",还是弱关系之下形成的"微社区",都是在复杂的网络个体关系中形成的一个个有着明确归属感和目的性的圈子,并不断交叉和联结,形成新型网络社群。

总体来说,微信仍是一个相对闭环的生态系统,其在开放性方面的局限一定会给别的社群平台带来机会。社会群体关系具有复杂性和成长性,微信这一个平台难以"一网打尽"人类的所有关系。随着移动互联网技术和应用的发展,移动社群也不再是微信"一支独大"。我们相信,这个领域未来将会诞生更多的软件平台,使人类的精神世界和社会生活更加丰富多彩。

不存在互联网思维

网络新闻上经常出现"互联网思维"的说法,我认为这有些哗众取宠。互联网是重要的技术发明,新技术只会影响人类思维方式的变化,而其自身不会具有思维,人类思维也模仿不了其运行方式。蒸汽机的发明带来了工业革命,人类没有蒸汽机思维;电力的发明没有产生人类的电力思维;计算机发明也没有产生计算机思维。互联网确实给我们的生活和生产方式带来了巨大的改变,但不存在互联网思维,只是互联网时代的行为方式。

人类文明发展先后经历了农业革命时代和工业革命时代,现在已经进入信息革命时代。互联网正在推动人类文明迈上新的台阶。农业革命是通过技术提高农业生产效率,解决的是人类的温饱问题;工业革命是通过技术提高工业消费品等的生产效率,满足人类物质生活品质提高的需求;信息革命的本质还是通过技术来提高人类精神生活品质。从本质上讲，农业革命和工业革命主要是解决物质生产的效率问题，信息革命主要是解决知识生产和交流的效率问题。互联网和信息技术快速发展，互联网已如同工业时代的水电一样，进入千家万户，成为人民群众学习、工作、生活的新空间和新方式，更成为一种新的生产力和生产方式。

技术的发展常常令人炫目，其中一些技术像流星一样风靡一段时间后就难觅踪迹，而有些技术将会长期影响和改变人类的生活方式并不断升级。互联网对人类文明的影响便是如此。[○]

互联网为政府、企业与大众交流提供了强有力的工具

天下大势，浩浩汤汤，历史的车轮一旦启动就会在一条不可逆的道路上加速运行，越来越快。1969 年才诞生的互联网技术仅用了 50 年左右的时间就基本实现了线上的全球化，并用更加先进和纵深的方式影响着人类文明的走向。相比之下，以 15 世纪末到 16 世纪初为开端的大航海时代推动的线下全球化进程却用了将近 500 年的时间。

目前世界各国都在积极倡导"信息高速公路"建设，用之构建"电子化政府"。比如，美国在 20 世纪 70 年代中期，就在俄亥俄州的哥伦比亚市建立了世界上第一个"电子市政厅"。利用这一双向通信系统，居民通过电子设备就能参加当地计划委员会的会议。他们在家只要按动一下室内电钮，就能即刻对当地的城市规划、住房条例、公路建设等问题的提案进行表决投票。欧盟

○ 参见李志民撰写的《不存在互联网思维》，发表于 2017 年的《中国教育网络》。

各国也正推动城市数字化运动，准备建立十个或更多的数字化城市的典范，阿姆斯特丹是首选城市。该市市政当局在现有电话线的基础上，建立起了全市范围的计算机网络。市民通过电子方式能获得政府信息，也可以与议员讨论有关问题。[⊖]

我国的电子政务、政府信息公开等也发展迅速。互联网对中国特色社会主义进程也起到了非常重要的作用，具体来说，体现在以下几个方面：

（1）互联网拓宽了公民表达诉求的渠道，有利于保障人民权益。针对某项公共政策、公共设施进行网络投票以及建议收集已经成了非常普遍的做法，媒体也经常借助网络将普通民众的心声带给政府。也就是说，互联网有利于政府更好地听取民意，集中民智，增强决策透明度和公众参与度，提高决策的科学化。

（2）有利于政府更好地实施政务公开，提高依法行政水平，自觉接受人民的监督。信息革命改变了过去单一的信息传输方式，建立起了全方位、多层次、多形式的传输渠道，政府和民众、上层和下层在获取信息的范围、数量以及时差上的距离在不断地缩小，民众与政府几乎能同时了解各种各样的信息，这有利于政府更好地提高服务水平，提高政府公信力。

（3）互联网让很多信息更加透明化了。以前因为各种原因被刻意隐瞒的信息，比如某些不良商家欺诈消费者、某些景区恶意收费等，会被相关者用各种手段"捂住"，即便是爆出也是在极小范围内。互联网特别是移动互联网的普及，使得人人都可通过视频在社交媒体上发布信息，"捂"住信息的可能性几乎为零，

⊖　参见郑曙村撰写的《互联网给民主带来的机遇与挑战》，发表于2001年的《政治学研究》。

因此很多地方也不再做无用功，而是学着如何在网络时代及时通过互联网公布事件真相，防止因为信息不对称造成的进一步舆论问题和恶意揣测。

当然，任何技术的发展都具有两面性。互联网也不是尽善尽美的，它为社会发展带来机遇和更多可能的同时，也会带来一些不容忽视的消极影响，这就要求政府对互联网的发展有更深刻的认识，从而因势利导，借助这样的工具加速社会发展的进程。

第 2 节　互联网促进教育发展

互联网将塑造出新的教育形态

教育的形式和形态是随着社会发展而不断演变的。

人类社会从原始社会进入农业社会，教育形式也从原始的口耳相传的教育发展成了适应农耕时代的教育。农业社会的教育形态整体上是以家庭教育为主体，在日常生活和生产中接受一些朴素的教育，有的也通过师徒制接受一些专门的民间技术教育。农业社会的学校教育较少，广大劳动人民基本上被排斥在学校教育体系之外。那时的学校教育的主要目的是培养统治阶级需要的人才和对广大劳动人民进行宗教、道德或政治教化。教学组织形式以个别化教学为主，没有严格的班级及学年区分。教学方法强调严格的纪律和严酷的体罚。那时的师生关系反映了农业社会的阶级关系、等级关系。由于教育规模小，所以社会教育影响也较小。农业社会的教育要素和教育实施主体主要为教师个人。

在农业社会逐步进入工业社会的发展过程中，教育形态也随之在第一次工业革命、第二次工业革命时期发生变化，慢慢与工业社会适应并同步发展，逐步形成了班级授课模式，实现了教育的规模化，教育形态适应工业社会发展的教育组织形式和知识文化传播方式。此时，教育成为一个相对独立的领域，有专门的法律法规、教育管理体制进行约束，有各级各类学校、专门的政府管理。工业社会的教育要素和教育实施主要集中在学校，学生和家长追逐名校，全社会都有名校情结。

从人类文明进程来看，如果说农业革命解决了人类的生存和温饱问题，工业革命提高了人类物质生活品质，那么信息革命将以提高人类精神生活品质为终极目标。[⊖]

信息技术与教育教学不断融合发展，不仅促进教育公平和教育质量的提高，教育成本的降低，还让我们看到了实现教育规模化与个性化和谐统一的希望。大规模在线课程（MOOC）、小型私人定制课程、大一分类课程、学位系列课程、翻转课堂等成功案例，为教育的规模化与个性化的和谐统一打下了坚实基础。

教育的生态体系将因为互联网而改变，广大教育工作者更应该树立育人为本、融合创新、开放共享的新理念，迎接适应信息社会新的教育形态的到来。信息社会的教育要素都将集中在网络平台上，教育实施将以个人选择为主，从而真正实现教育公平，真正实现个性化学习。

⊖ 参见李志民撰写的《迎接与适应信息社会教育新形态》，发表于2022年5月26日的《中国教育报》（版次：07版）。

技术发展推动教育变革

技术进步是社会发展的根本动力，也深刻影响甚至引领着人类教育形态的变革。随着社会产业从"劳动密集型"和"资本密集型"向"知识密集型"和"智能开发型"转变，人类的教育形态也开始从单一化向多元化、从人文社会学科教育向理工科和应用科学教育再向交叉学科、跨学科教育发展。

当前，信息技术正在全球范围内对教育产生革命性影响。信息技术的应用，使人类知识得以迅速传播、存储、再现，知识的增长速度极为迅猛。以多媒体计算机为代表的新技术在教育上的应用，将信号、语言文字、声音、图形、动画和视频、图像等多种媒体信息集于一体，充实了教育的内容。互联网的出现，则拓展了教育内容的传播渠道，使教育打破时空的限制。网络中可获取的内容、服务也呈爆炸式增长态势。

在我国，教育正在面临一场全面且深刻的变革。从电化教育到远程教育，再到"三通两平台"的发展，我国教育战略转型正逐步走向"融合创新"的新阶段。2012年，中华人民共和国教育部发布的《教育信息化十年发展规划（2011—2020年）》（以下简称《规划》）指出："以教育信息化带动教育现代化，破解制约我国教育发展的难题，促进教育的创新与变革，是加快从教育大国向教育强国迈进的重大战略抉择"。《规划》还提出了到2020年"基本建成人人可享有优质教育资源的信息化学习环境""基本形成学习型社会的信息化支撑服务体系""基本实现宽带网络的全面覆盖""教育管理信息化水平显著提高""信息技术与教育融合发展的水平显著提升"的发展目标。党的二十大报告中更是提出"推进教育数字化",以教育数字化推动教育现代化发展成为必然趋势。

互联网不仅给人类生产和生活方式带来重大改变,也给教育带来巨大影响。随着信息技术的进一步发展,数字校园、网络课堂、智慧学习和大数据评价等全新的模式,正推动教育进入"互联网+"时代。

"互联网+"时代的校园,将不单纯指物理意义上圈在围墙里的几幢教学楼,而是现实与虚拟结合的学习场所。网络已覆盖校园的每个角落,教育管理的每个环节都通过互联网实现。教育云课堂和数字图书馆可以为师生提供浩如烟海的学习资源。

"互联网+"时代的课堂,将以活泼有效的师生互动代替传统的知识灌输与接收。借助丰富的在线课程资源和现代教学手段,老师可以更好地发挥引领作用,激发学生的学习兴趣。学生可以利用便捷的互联网教学平台,与老师自如交流,跟同学顺畅沟通。

"互联网+"时代的学习,是可以移动的,是可以个性化的。学生即使因特殊情况请假在家,也能通过互联网与同学一起远程学习。学生能够借助互联网手段,真正成为学习的主体,实现从被动学习向自主学习转化,从死记硬背迈向探究式学习。

"互联网+"时代的考试和评价,将不再是单一的考试评价。教育工作的相关者都是评价的主体,同时也都是评价的对象。社会各界也将更容易通过网络介入对教育的评价,使教育工作得到更及时的监控和反馈。伴随学生成长的教育大数据,将充分体现学生的学习过程和综合素质,并为学生的职业规划和价值实现提供决策参考。○

○　参见张小莉撰写的《互联网环境下高职英语教学研究》,发表于2016年7月15日的《现代交际》。

互联网的技术进步和应用普及，正惠及亿万城乡师生，将会带来教育理念和模式的巨大变革，在以下几个方面为教育事业带来重大发展机遇。

（1）**促进教育公平**。互联网突破了传统教育的时空限制，可以把最优质的教育资源、最先进的教育理念、最新颖的教学模式在更大范围内共享，包括偏远贫困地区，这能在很大程度上改善国内教育资源分配不均的现状，为每个人提供更好的教育机会，促进教育公平发展。

（2）**提高教育质量**。利用网络技术，不仅能实现教学资源和智力资源的共享与传播，提升学生的学习兴趣和学习效果，还能推动优质教育资源共享，教育教研合作交流，推动课程改革，全方位提升教育教学的质量和效益。⊖

（3）**降低教育成本**。互联网推动了教育资源配置的优化，使更多的人同时获得更高水平的教育，提高了教育资源使用效率，降低了教育成本。另外，由互联网打造的没有围墙的学校，也为人们个性化学习、全民学习和终身学习提供了可能。⊜

但是我们要看到，教育是关系到千家万户的系统工程，涉及教育主管机构、学校、教师、学生和家长等众多利益相关主体，互联网推动下的教育变革仍将面临不小的挑战。

（1）**观念**：如今的学生已经是与网络共生的一代，是地地道道的互联网原居民，他们可以熟练使用网络生活，本能地通过屏

⊖ 参见王红红撰写的《"互联网＋"时代推进教育改革发展的实践与思考》，发表于 2017 年 1 月 1 日的《基础教育参考》。

⊜ 参见李志民撰写的《互联网推动教育数字化转型的机遇与挑战》，发表于 2022 年的《佛山科学技术学院学报》(社会科学版) 第 6 期。

幕学习。而 50 后、60 后的人习惯通过书本学习，观念的差异很难短时间内弥补，这对"互联网 + 教育"的影响不能小视。

（2）**互联网基础设施**：截至 2023 年 6 月，我国互联网的普及率达到 76.4%，由此可见，我国互联网基础设施还有很大的发展空间。虽然近些年我国教育信息化取得了长足的发展，但部分地区的中小学生机比配置还不理想，教育信息化基础设施建设的城乡差异仍然较大。

（3）**教育管理方式**：如果学生不能自由选择修学科目和讲课教师，如果学分不能互认，学位不能等价衔接，"互联网 + 教育"很难发挥最大效益。我们需要尽快研究制定教学资源的网上认证标准，要针对经过认证的教学类资源制定网上学习效果评价标准，要制定课程微证书发放办法等。总之，我们要有新的观念、新的技术和新的管理模式，拥抱"互联网 + 教育"新时代。

互联网有助于实现教育以人为本

教育以人为本，要从满足人的基本需求出发，根据人的不同特点，实现每个人不同层次的发展。每个人都有三个层次的需求：珍爱生命、维护尊严、谋求发展。

珍爱生命就是在维持生存的基础上，让物质生活和精神生活质量得到提升。[一]维持生存要靠知识创造财富，互联网提供了知识传播的有效途径。互联网不仅给我们的物质生活增加了丰富度，提供了方便，也大大拓展了精神生活空间。互联网使新闻的

[一]　参见吴丽霞撰写的《转变传统教育观念，迎接信息时代挑战》，发表于 2011 年 8 月 17 日的《城市建设理论研究（电子版）》。

传播速度更快，进一步满足了人们的知情权和好奇心。在互联网上人们可以参与时政讨论，发表自己的看法，了解别人的观点。在文化方面，互联网已成为大众喜爱的文化生活方式和新兴的文化空间。互联网极大地提高了精神生活质量，使生命更加有意义。

维护尊严是人类特有的需求。没有平等就没有所谓的尊严，教育权利的演变为我们观察信息时代的平等观念提供了一个生动的样本。自古以来，在传统的教育体制下，师道尊严是维持师生关系的基础，老师高高在上，学生言听计从。几千年来的教育是老师主动进行知识传授，学生被动接受的过程。在这种体制下，学生求真求新的天性被扼杀，创造力逐渐在负担沉重的课业中消磨殆尽。互联网的出现将从根本上改变传统的师生关系。老师和学生的界线逐渐模糊，只要有真知灼见，无论你是谁，无论你在哪里，都可以"结庐授课"，真正实现了孔子的理想：三人行，必有我师焉。

互联网教育对于学生来说是一种真正的公平教育，大家面对的是同样的资源，不管你的家庭背景、智商存在多大差异，你都可以按照自己的意愿选择老师、课程、授课方式，可以是听讲，可以是讨论，可以是论战。考试评价评估的非歧视性也是互联网时代教育的一大优点，可以最大程度实现人与人在教育权利和尊严上的平等。

谋求发展是人类更高层次的需求。互联网提供了海量的信息资源，教育资源的丰富使学生个性化发展成为可能。资源的多样化带来了学习方式和内容的多样化以及个人发展的多样化。传统的教育方式要实现因材施教的梦想可以说难上加难，而在互联网时代，因材求学十分容易，学生可以自主选择发展方向，选择特定方向的优秀资源，同一流的大师学习和对话，深刻挖掘自身发展的潜能。[一]

互联网将改变大学的功能

互联网必将对大学传统的三大功能（知识产生、知识传播和知识应用）产生重要影响。因为互联网，各种课件、学习方式、知识资源极大丰富，人们学习和获取知识的渠道变宽。其中，学习方式的多样化将会使大学的知识传播功能逐渐弱化，而知识产生的功能会逐步增强。从某种意义上讲，大学会逐步演变成为以知识产生为主的研究机构，靠政府授权成为鉴别人们掌握知识水平的考试认证机构。

互联网给人类提供了一种伟大的精神力量，那就是"合作共赢，共建共享"。教育资源开放共享将是互联网时代的必然产物。互联网还有一个本质的规律：无穷多和无穷少。这在第 1 章的第 6 节介绍过，这里不再重复。互联网对于促进教育公平、提高教育质量、降低教育成本都能够发挥很重要的作用。

就教育信息化而言，主管部门当前最重要的工作是制定互联网教育规则，而不是教育资源平台和慕课课件的技术细节标准。如果拿互联网教育与公路相比，教育资源平台和慕课课件就是车，公路上跑的车可以是不同公司的汽车，而汽车的零配件可以是各大中小企业生产的，不同汽车的零配件不通用是允许的，只

[一] 参见华东师范大学闻铭撰写的学位论文《构建区域性教师专业发展信息化平台的实践研究：以上海市 H 区为例》。

要汽车能安全且正常跑。政府的职能是修好路（互联网基础设施）和制定一些基本的交通规则（考试评价标准、学分认可条件等）。

对当前教育资源平台和慕课课件等的开放共享来说，不宜过分强调技术的标准，否则有可能使教育资源建设停滞不前。我们要鼓励多元化发展，调动各方面的积极性，参与到教育资源的共建共享队伍中来。制定互联网教育管理的规则很重要，现在的情况是相应规则的制定远落后于技术的发展。

大规模开放的在线课程、小规模定制的课程、翻转课堂、混合式教学等教育资源的开放共享形式，是信息技术与教育融合发展的产物。我们面临很多矛盾和问题，都会在技术的驱使下逐步解决。大学通过政府授权，成为以鉴别人们掌握知识水平的考试和认证机构的那一天将很快到来。

互联网改变教育并非危言耸听

以互联网为载体的在线教育能否取代传统教育？这取决于你对传统教育的定义。社会上对教育的功能无限扩大，而在线教育的功能有限，所以在线教育不可能完全满足扩大化的教育功能。如果把教育分为人际交往类教育、知识传承类教育和文明发展类教育三类，那互联网在线教育完全可以取代知识传承类教育。

在线教育突破了时空限制，是缩小教育差距、促进教育公平的有效途径；在线教育推动了教与学的双重革命，是共享优质资源、提高教育质量的重要手段；在线教育打造了没有围墙的学校，是实现全民学习、终身学习的必然选择；教育信息化汇聚了

海量知识资源，是传承人类文明的新的重要平台。⊖

以大规模开放在线课程（MOOC）为代表的在线教育的持续发展是多个因素共同驱动的结果：从课程本身来说，需要丰富多样的课程资源；从业者角度来说，要加强教师队伍知识准备，促进其观念转变；从硬件角度来说，需大大降低网络使用成本。这就要求我们加强互联网基础设施建设，推动高宽带网络普及。⊜

在线教育的进一步发展会导致学校教育功能逐步弱化，逐渐形成社会化学习的环境和条件，学校不再是知识传授的主要渠道。在以网络为载体的社会化学习中，由于在线教育平台多、课件多，知识不会被某些人垄断，海量知识可以方便获取。对知识有渴求者将根据自己的兴趣和需要来学习。具备社会化学习能力的人都可以实现终身学习的愿望。

互联网必将改变教育、扩展教育，进而颠覆传统学校教育模式。

第3节 互联网促进学术交流升级

互联网促进学术交流与共享

学术交流是指任何科学技术领域内的学者通过正式或非正式的渠道进行的学术信息交流分享活动，这是一种针对特定学术课题由相关专业的研究者、学习者参加，为了交流知识、经验、成

⊖ 参见张兴军撰写的《互联网＋教育：一个开放平台的构想与实践》，发表于 2015 年 8 月 5 日的《中国经济信息》。
⊜ 参见丁文霞撰写的《 MOOC VS 视频公开课》，发表于 2013 年 10 月 26 日的《2013 湖南省高校电子信息技术教学学术研讨会》。

果，共同分析、讨论解决问题的办法而进行的探讨、论证、研究活动。学术交流的最终落脚点在新学术思想和学术创新上，提出具有激励性、启迪性的思想和方法才是学术交流最根本的意义。学术交流的目的是通过知识的传播和探讨，进一步推进知识的创造和学术发展。学术交流作为学者间的一种交互活动，对科学研究的发展有巨大的推动作用。参加学术交流是学者的权利，也是义务。

互联网提供了方便学术交流的强大工具，极大地放大了学术研究服务社会的本质。在互联网时代，学术交流的模式与之前相比有了很大的扩展和变化，如由演讲、会议、简报、电视/无线电广播、学术沙龙等形式发展出即时通信（微信、QQ）、网络视频、网络会议、网络社交圈（微博）、网上学术论坛、E-Science（电子科学）、Webinar（在线研讨会）、SNS（社交网站）等；由传统的学术出版转为基于网络的发表物（如电子期刊、电子图书、电子预印本），还有 Wiki（维基）、E-Whiteboards（网络电子白板）、RSS（简易信息聚合）、数据库、开放存取期刊、开放存取仓储（学科仓储、机构仓储）、学术门户网站等。

1. 学术交流模式网络化有利于交流效率的提高

学术交流模式的改变主要受到技术和经济的影响，网络环境具有的一系列传播特性使学术交流产生了质的变化，由基于纸的系统变成了基于网络的系统，数字化的信息成为主流的信息资源。几乎每一种传统的学术交流模式都可以在网络环境中找到替代模式。此外，还产生了一些新的基于网络的学术交流方式，如虚拟社区、全媒体出版等。学术交流的网络化为交流效率的提高带来了新的机遇，例如：网络化知识服务平台可以实现大数据支持下的科研设计及验证；虚拟社区可以实现及时交流、及时评论、学术关系网络；全媒体出版可以实现及时发表、准确表达、便于理解、多媒体解读、无限制阅读（OA）；在线会议可以实现及时更新、同步追踪、选题启发；在线评议可以实现热点话题、舆论引导、合作引导、决策参考；在线翻译可以实现跨地区、跨文化的及时理解。

2. 学术交流途径多样化有利于学术优先权的确定

在互联网时代，学术交流的范围得以有效扩大。传统的学术交流主要集中在特定交流课题所属或相关专业学者圈内，而互联网可以让世界各地对特定学术课题有兴趣的任何专业人士参与交流，共同探讨，参与和知晓的人员数量大幅提高。学术信息交流的途径呈现出多样化，作者可以通过虚拟社区、社交网络等新媒体平台展示自己的成果，自由并及时与读者进行交流，这打破了传统出版商的垄断，扩大了学术交流的范围。信息技术缩短了学术交流的时间，新的思想、理念等可以更快速地进行传播、碰撞，这使得学术信息交流的主导权重新回到研究人员手中，这有利于学术优先权的确定，可有效规避学术不端行为。

3. 全球科研协作体系的建立有利于提升交流质量

传统的学术交流活动受到时空的限制，因而缺乏实时、高效的沟通，使许多研究项目进展缓慢或者处于低水平重复状态。互联网时代，网络技术打破了时空的有形界线，科研人员在资料收集整理时，通过数字化手段可以将国内外同行的相关研究成果及其他大量资料存储到计算机。通过文献检索可以及时了解国际上最新研究动态，可以自由地交换和共享信息，主动性得到空前提高，同时有效避免了因研发相同内容带来的资源浪费。基于互联网的跨学科、跨机构、跨地域的协同创新科研活动越来越频繁，基于云计算的科学前沿预测减少了科学研究的猜测性探索。例如 E-Science 的出现使得科研方法由实物实验转向模拟仿真，科研信息获取量由少到多，科研模式由个体走向协作，扩大了交流范围，提升了交流质量。

4. 网络学术资源共享有利于降低交流成本

科技知识日新月异，科研人员只有不断学习，广泛涉猎，才能跟上时代的步伐。传统学术交流会议的组织过程烦琐，安排会议场地、资料印制、食宿交通等费时费力，交流渠道窄且成本偏高。通过互联网进行资源共享和交互可以极大满足科研人员信息的需求，科研人员可以广泛获取世界各地同行的研究成果及科研动态。互联网时代，已有多种资源共享途径，如开放存取期刊、网络学术交流平台、开放存取仓储等，"云资源"状态越来越明显。其他信息发布和利用的渠道，如网络学术论坛、个人网站、博客、新媒体平台等，虽然暂时缺少学术权威性，但是因内容更新及时、更易免费获得相关资源而备受学者青睐，Google Scholar（谷歌学术），Research Gate（科研之门）等更是能帮助科研人员快捷、方便地找到自己最需要的学术资源。

总之，随着网络技术的发展，信息交流的速度越来越快，质量越来越高，信息内容和形式越来越丰富，多种新型学术交流模式也随着人们需求的变化不断出现。在未来，学术信息交流可能会被整合为一个巨大的数字化公共交流系统，成为一个主要由全球科学家组成的不受时空限制的学术信息交流主体，成为资源共享、协调工作的全球创新协同信息网络体系。[⊖]

以信息技术手段为载体的新型学术交流方式，虽然具有传统学术交流无法比拟的优势，但是作为一种技术手段，它本身还存在不足之处，还需要随着科技的进步不断完善。传统的学术交流方式与互联网时代的学术交流方式并不是对立的，而是互相交融，互相补充的，它们都是推动学术交流向前发展的重要手段。互联网会逐步成为学术交流的主渠道。

网络发表论文将产生学术评估新机制

学报期刊仅是进行学术论文交流的载体，论文载体并不影响科研成果的研究过程，它仅是承载了一部分学术传播作用。互联网已经深刻改变了传统媒体的格局和舆论生态，它也必将改变传统学术期刊的格局和学术交流生态。

与此形成鲜明对比的是，纸质新闻媒体和杂志关门倒闭已屡见不鲜，但争办纸质学报期刊的机构、团体却蜂拥而至，有些还以办精品期刊为目标。时代在发展，利用互联网发表论文，不仅能够有效解决纸质期刊发表周期过长的问题，还能规避论文发表过程中可能出现的不正之风，有效地保护作者的知识产权。同时，互联网这种载体还能彻底改变传统的学术论文在评估、评价等方面的不足。

在纸质期刊时代，期刊的影响因子和论文被引用次数（且不

⊖　参见肖宏、马彪合著的《"互联网＋"时代学术期刊的作用及发展前景》，发表于 2015 年 8 月 15 日的《中国科技期刊研究》。

分是正面引用还是反面引用）是评估论文价值和影响力最重要的指标，甚至是唯一指标。其局限性在于一篇很有价值的论文，读者用其思想指导实验、开展工作，或进一步研究直到申请专利、制造出产品，但这位读者就是不发表论文，所以就不会增加原论文被引用的次数。在互联网时代，可以全面评估论文的价值。大量论文首先在线发表，读者在线阅读，这样不仅可以通过论文的被引用次数评估其学术价值，而且可以通过统计论文被在线阅读的时间、点击次数、下载次数、收藏次数、转载次数、评论评价、推荐次数等评估其学术价值，这些都可以成为论文价值的评价指标。

利用互联网发展出新的学术评价机制将是大势所趋。谷歌学术（Google Scholar）从 2012 年开始，每年统计公布各个学术载体的五年 H 指数（高引用次数），排在前十位的基本上都是七家期刊和三家开放存取（OA）网站，其中 RePEc 网站排在第四位，arXiv 排在第五位，仅次于大名鼎鼎的期刊 Science，排在第七位的 SSReNet 网站仅次于 Lancet，超过 Cell 期刊。研究表明：开放存取论文达到被引峰值的时间在延长，互联网并没有加快开放存取论文的老化，反而有延缓之势；单篇论文下载频次与被引频次之间的相关性不显著；综述性论文更容易出现"高下载低引用"现象；从长期来看，开放存取论文下载频次与被引频次之间呈现正相关趋势。以网络为载体的开放存取网站的影响力在逐步增大。

为什么不可以建设一个世界科研论文的"淘宝"平台？我们应该借中国大发展的历史机遇，借中国科研人员众多、论文数量庞大的机会，尽快建立或合作建立网络发布论文的共建共享平台，让作者自助并自主发布论文，形成世界最大的专业论文库、知识库，从而间接地快速提升中国的科研水平与地位。

互联网时代学术优先权的确认面临很多挑战

学术活动是一种创造性的劳动，创新是科学家最重要的职责，其表现形式就是学术发现的优先权和技术发明的专利权。学术发现的优先权是学术共同体乃至整个社会对学术发现给予的确认和承认，是对学术工作者的学术劳动及其成果的最高褒奖，是一种有利于科学发展的激励机制。

科学界经常发生争论和讨论，尤其是对学术发现优先权的争论和讨论。学术发现优先权的确认并非法律上的裁决，而是一种学术界的共识。对学术发现优先权的确认，历史上曾长期把论文手稿誊抄一份并密封、标注日期交由科研权威机构保管为证明。目前遵循的学术规范是以科学期刊的正式发表、公开发表为确认学术发现优先权的主要依据。

传统期刊发表论文需要经过投稿、审稿等漫长的过程，一篇论文从投稿到发表往往要经过数月甚至一年之久。时滞过长会导致发表时，论文表达的科学思想已经不是最新、最前沿的了。另外，论文在投稿、审稿的过程中可能因某些学风不正行为而引发风险，如审稿人将投稿者的研究思想、研究思路窃为己有，也可能因审稿人自己的研究进展或学术观点问题，阻止一些投稿者的论文发表等。读者会因为论文发表时滞过长而难以获得最新的科研动态、研究进展及技术应用状况，难以及时更新自己的知识库，甚至会因错过重要的第一手资料，导致科研进程放缓。

互联网的普及对学术发现优先权确认的影响主要体现在如下方面。

（1）网络发表的论文的学术发现优先权逐渐获得确认。在信息化网络环境下，学术交流环境发生了巨大变化。在此背景下，传统期刊也不得不采用数字预印本的形式发布，学术发现优先权的确认方式正在发生变化，大量的重要论文通过网络发表，引用网络上发表论文的情况越来越多，并且得到了学术界承认。

（2）宣示学术发现优先权的方式多元化。传统上宣示学术优先权的主要工具是期刊或专利证书。在信息化网络环境下，越来越多的新型学术信息交流工具，如讨论组、学术博客、学术论坛、维基等，发挥着传统的学术期刊、学术组织等难以实现的功能。学术评估指标也越来越多，越来越客观，如论文下载量、转载次数、评论数量、阅读时长等。

（3）学术论文预印本系统日渐成熟。为了及早将成果公之于众，在论文正式出版印刷之前，许多期刊出版商将确定录用的论文，以预印本的形式发布到网上，并建立专门的数字化系统。除了出版商自己将论文预印本放到网站上之外，越来越多的出版商在版权政策中明确规定允许作者自己存储并发布预印本论文。[⊖]

（4）国际上开放存取日渐成熟。近几年国际上不断发展壮大的"开放存取"就是在网络环境下发展起来的一种新的学术交流方式，是科技界为打破出版商对学术论文的垄断和暴利经营，而通过互联网免费或低价发表科技成果，全社会都可以自由使用科

⊖ 参见陈传夫撰写的《信息化环境下学术优先权的挑战与对策》，发表于2009年6月10日召开的"中国科协学会学术部第四届学术交流理论研讨会"。

技成果的一种全新理念。"开放存取"不仅使研究人员可以以最快的速度发表自己的研究成果，保护自己的知识产权，在同行中获得最先发现权，而且可以更快、更廉价地拥有更多的学术信息资料，与同行进行深入交流讨论，促进学术水平共同提高。^㊀

（5）开放共享必将成为网络时代学术交流的主要模式。网络环境下的学术信息交流除了上面提到的论文发表周期短、有效规避学术不端行为、学术讨论评论的反馈时间间隔短之外，还具有不受时空限制，信息传播范围广，阅读受众多，持续时间长，内容丰富，形式多样，便于组织和检索等特点，更为重要的是成本低效益高。由于学术论文资料可以免费下载复制，无限制地提供给需要者，相应地减少了图书馆购置纸质期刊和数据库的经费。有人估计若采用"开放存取"模式，全球的科学研究可节省40%的经费。

互联网时代对学术优先权的影响

随着信息化网络的发展，互联网时代对学术优先权的时间、载体、评审机制、学术影响等方面均产生了巨大影响，出现了许多新特征。

1. 时间

在影响学术优先权认定的诸多因素之中，发表时间是最关键的因素之一，一般以论文发布时间来判定。不同研究者或研究团

㊀　参见毕荣道撰写的《浅议信息时代的学术交流》，发表于2009年6月10日召开的"中国科协学会学术部第四届学术交流理论研讨会"。

队在互不知情的情况下，同时独立发现某个科学规律或者发明某种科学仪器是有可能的，但优先权（名望和声誉）通常会给公开发表新发现的第一人或团队。历史上，由于发表时间滞后而痛失学术优先权的例子屡见不鲜。因此，在竞争激烈的科研中，为了取得学术优先权，研究者需要在发表时间上抢占先机。

传统的学术优先权的确认一般是将发现或发表的内容刊登在传统期刊上。但传统期刊由于编审过程、版面容量等限制，存在着较长的论文发表周期。在我国，核心期刊从投稿到出刊，短则半年，多则一两年。中国人向国际期刊投稿，受语言和文化表达的影响，发表周期可能更长。这种较长的成果发表时滞使研究者在争取学术优先权中处于极其不利的地位。

在互联网的影响下，论文发表方式有了多种选择，网络发表也得到了各方的认可。研究者通过开放存取期刊、预印本网络出版等方式发表研究成果，使学术优先权的确立时滞大大缩短。譬如，研究者将论文投稿至中国科技论文在线（Sciencepaper Online）网站，无须等待专家评审，也无须等待版面。该网站实行先发表后评审的机制，一篇论文投至网站后只需经过编辑初审与加工，一旦编辑过审，那么在修改后，将很快可以在线发表。稿件从正式接收到在线发表，一般不超过 7 个工作日。

2. 载体

任何学术优先权都存在特定的学术载体。自 17 世纪末以后，通过期刊出版获得学术优先权成为一种准则，但传统的期刊、图书等承载模式只能刊登文本性质的学术成果，思想、表情、声音、温度变化过程、艺术形象等学术成果难以发表。而随着信息技术的发展，新兴的表达载体越来越多，例如音频、视频、多媒体资料等。传统的学术优先权确认遇到的障碍，随着互联网的发展逐步解决了这些棘手的问题。学术博客、学术论坛、开放仓储等交流工具的蓬勃发展，不仅使科学家能够更加准确地表达其学术成果，还使得这些新兴类型载体上的学术成果的优先权得以确认，研究者也就可以看到更多形式的研究成果，促进了学术研究的产出与传播。

3. 评审机制

传统期刊确定学术优先权主要采用同行评议机制，但这种机制经常出现重视名人、轻视新人的现象。这种机制不利于学术新人的成长，也扰乱了学术优先权的获取。更有甚者，有些评审人故意拖延评审过程，直到自己类似的研究成果发布，获得此研究的学术优先权。还有的评审人编造理由退稿，剽窃评审论文观点，用于发表自己的研究成果。这些评审环节中出现的不端行为导致了学术优先权确认的不公现象。互联网在一定程度上改善了这种机制。

新兴的"先发表，后评审""共同评审""网上评审"机制增加了评审的透明度，提高了评审的效率。中国科技论文在线便采用了"先发表，后评审"的机制。

4. 学术影响

受限于传统论文载体的固有属性，学术成果扩散利用率相对较低，有很多正式发表的论文从未被引用过。除论文质量原因外，期刊发行数量和范围的局限性也是重要的影响因素。学术期刊种类过多，研究者只能获得其中的一小部分。同时高昂的价格也限制了论文的阅读范围。这些情况导致学术影响范围小，不利于学术优先权的认定。

而在互联网时代，通过网络进行的学术信息传播消除了地域差别，学者可以不受限制地获取开放仓储、学术论坛、学术博客等上发表的研究成果，扩大了学术成果的影响力。另外，在点击量、评论量、转发量、收藏量等指标影响下，学术研究者在网络上提出一个新观点、新概念就可能形成强烈的学术吸引力，在大量其他学术研究者跟进的情况下，提出问题的人会成为中心，进而形成科学研究话语主导权，直接影响学术优先权的确认。[⊖]

以学术优先权为抓手，建设互联网时代的学术强国

学术优先权不仅是学术共同体所有成员共同遵循的一种学术规范，更成为推动科学发展，进而推动社会不断进步的持续动力。科学发展的历史表明，获得科学发现的优先权是"学术交流的本源动机"之一，学术优先权标志着科学的进步与突破，是对科学家原创性贡献的一种认可，也是国际奖励系统授奖的重要参考条件之一。对一个国家科学建制而言，学术优先权的状况反映了国家的学术创新状况与学术声誉、学术能力。

在确立一项研究成果的优先权的过程中，一般需要满足以下两个条件。

（1）必须根据本领域可接受的方法、标准向自己的学术社区证明研究成果的完整性和正确性。

⊖ 参见李志民撰写的《互联网时代对学术优先权的影响》，发表于 2016 年 4 月 15 日的《中国教育网络》。

（2）学术同行必须承认作者主张的首创性，即必须承认研究者是第一个证明、发现、演示结果的人，而在实现该过程中，一个广泛接受的证明标准就是对相关出版的作品进行检索查证，以保证没有类似、在先的作品，因而科技论文的公开发表时间对于确立其优先权至关重要。但上文介绍过，期刊出版具有时滞，并且不同的期刊出版时滞也不相同，而网络学术交流发展为论文发表提供了快速通道。

随着互联网技术日新月异，传统学术资源也不得不进入数字化、网络化、百花齐放百家争鸣的新时代。伴随着互联网时代的脚步，网络学术交流正以一种全新的方式吸引着广大科技工作者的参与热情。这种具有跨时空、跨领域、多媒体及互动性的交流形式，由原来的线性变成交互性，数字化信息成为主流的信息资源，并正在得到越来越多的广大科技工作者的青睐。网络学术交流方式的兴起，电子期刊、电子图书、网络数据库等载体引发的变革，正以巨大的创新力提高学术交流的效率，促进学术科研成果的交流和推广，推动科技进步，激发科技工作者的创新活力。

网络技术的应用及进步是推动学术交流新模式发展的重要支撑，在中国公益性学术门户网站的建设中，中国科技论文在线、中国学术会议在线经过十多年的发展和经验积累，对于确立论文学术优先权具有十分积极的意义，国内已经有四十多所大学认可这种论文发表发布方式，并将其纳入相关的考核、认可与激励体系。其他大学和科研管理部门也要正视网络学术交流新媒体的存在和发展，尽快制定相关管理办法，确认互联网时代的学术优先权，将其纳入相关考核认证体系。

然而作为新生事物，在网络上发表学术成果必定需要行为规范和有效监督。学术评价的客观化是保证网络学术交流质量的前提。可以在秉承同行评议全部优点的情况下对其加以改进，这包括三大环节：形式化评估（预处理、查新分析、定级定位）、实质性评估、综合评估。在网络上发表学术论文的特点是评价工作由学术评估专家和同行专家共同完成，前者主要负责形式化评估，后者主要负责挑错与反驳，然后两者共同完成综合评估。这种新型的评估方法主要针对研究成果的核心内容⊖——创新三要素（新颖性、重要性、规范性）进行评估。可先定出不同等级，再用综合评估决定同一等级内的排序，以体现"独创性优先、创造重要的新知识优先"的原则。这种方法具有较强的客观性。

此外，网络学术交流已不是传统意义上的学术交流，它不仅要有一种具有即时性、有效性和多样性的平台，还要有能激发创新思维的平台，因此建立规范化的网络学术交流平台不可或缺。⊖要切实增强网络学术交流平台建设的紧迫性和责任感，依托网络和信息资源的优势，增强学术交流，努力打造具有时代特色的"数字学术"信息平台。这就要：转变传统观念，注重网络学术交流宣传，以期得到更广泛的认可；加大网络资源的投入；大力培养网络技术人才；提供基本的网络交流渠道；科研管理部门要尽快制定相关管理办法，确认互联网时代的学术优先权，将其纳入相关考核认证体系；积极引导舆论，加强网络交流思想道德建设，倡导社会主义核心价值体系，以正确的价值准则引领网

⊖　参见刘益东撰写的《电子学务：下一次科学革命》，发表于2008年3月25日的《跨世纪》（学术版）。

⊖　参见胡国军撰写的《搭建网络学术交流平台，拓展学会学术服务空间》，发表于2009年6月10日召开的"中国科协学会学术部第四届学术交流理论研讨会"。

络学术交流的文化建设；以互联网为引擎，全面推动学术强国的
建设。

第4节　互联网影响人类文明进程

互联网从野蛮生长到秩序重建

广连接是互联网全球化发展的一个必然，也是当前互联网向
生产互联发展的一个必备条件。WiFi 技术、IPv6 技术、物联网
技术等，各种基础设施的建设自然成为首要关注的对象。可以预
见，在万物互联爆发的前夕，这些技术也将迎来一个迅速普及发
展的高峰。

随着互联网进入国民经济生产建设领域，并且向纵深渗透，
毫无疑问，未来其可影响的绝不仅是网民个体，还有整个国家的
经济系统，包括生产模式、社会生活以至社会形态等方方面面。
当下的互联网信息过载，安全问题层出不穷，网络秩序百废待
兴，无秩序的广泛连接无疑更是雪上加霜，使得原本复杂的环境
变得更加糟糕。

万物互联时代亟须重建网络新秩序。现实世界的秩序和伦理
如何映射到网络虚拟空间？这是一个值得深思的问题。社会秩序是
通过结构与文化建立起来的，网络空间新的秩序意味着个人之间、
端到端之间的行动是可预见的、模式化且基于规则的，而人们的
行动被相互之间的期待和契约管理着，从而促进整个社会的合作
与互动。互联网在互动性与开放合作方面具有其他任何媒介无可
比拟的优势，虚拟空间秩序的建立将使这一优势发挥更大的作用。

但同时，我们也要意识到政策和管理层面秩序重建的紧迫性。《中华人民共和国网络安全法》的颁布和实施是一个重大突破，它终结了我国互联网野蛮生长的阶段，给这匹即将失控的野马套上了约束的"缰绳"。相应地，与该法相配套的各项规章制度也需要及时跟上，及时发现虚拟空间内、虚拟空间与现实空间的矛盾与冲突，重建治理规范，才能真正实现万物互联环境下社会有序健康发展。

万物互联的"新"常态，需要你、我、他，所有的人共同努力，从而迎来美好未来。[⊖]

互联网五个阶段对人类的不同影响

互联网对人类影响之大无法估量，它不仅改变了信息传递的方式，还改变了我们的消费模式和生产模式。它正在影响人类的思维、情感沟通及合作共享精神，未来甚至有望颠覆人类智慧积淀的传统模式。

1. 信息互联

互联网发展的第一阶段为信息互联阶段，主要是解决人类知情权的平等。理解互联网的发展一定要从事物发展的本质规律和人的本质需求入手。互联网出现以后，它能承载的信息服务在形式和内容上都非常丰富，传递过程中互动方式也异常生动。正如加拿大著名学者麦克卢汉（Marshall Mcluhan）所言，媒介改变

⊖　参见李志民撰写的《互联网从野蛮生长到秩序重建》，发表于 2017 年 8 月 15 日的《中国教育网络》。

了人的存在方式，重建了人的感觉方式和对待人的态度。

互联网的早期应用，如电子邮件、电子论坛、文件传输、网络新闻，打开了一扇跨越时空的信息传递之门。信息的传播与扩散不再受时空的限制，可以实现瞬间传播且传播容量巨大；网络搜索带来了信息获取的方便和精准；图像视频等多媒体手段也提高了传播的效果；互联网使新闻的传播速度更快，满足人们的知情权和好奇心；互联网也已成为大众喜爱的文化生活方式和新兴的文化空间。随着世界各地的无数企业涌入 Internet，Internet 的商业价值被人们发现。它在通信、资料检索、客户服务等方面的巨大潜力被无限发掘与放大，Internet 的发展也进入了一个新的阶段。

可以说互联网的意义并不仅在于它的规模，还在于它提供了一种全新的全球性的信息基础设施，为人类知情权的平等提供了强有力的工具。任何一台计算机只要符合 TCP/IP 的要求就可以连接到互联网上，就能实现信息等资源的共享。互联网使人类共享信息的水平达到了前所未有的高度，而且还在不断发展中。它从根本上改变了人们的思想观念和生产生活方式，进而推动了各行各业的发展，并且成为知识经济时代的重要标志之一。

2. 消费互联

以信息互联为基础，消费互联应运而生。从 1999 年 9 月的"72 小时网络生存测试"开始，网络消费逐渐被国人关注。如今，人们的购物渠道已不局限于传统的集市、商场、超市和门店，电商平台已成为重要的购物渠道之一，影响着人们的消费模式和消费习惯，同时也极大地刺激了消费需求。

消费互联阶段的到来，需要有几个充分条件：充分且可靠的商品信息流、网络支付安全、物流传递便利。这几者都是伴随信息互联而诞生的。在信息互联的基础上，供需双方实现了信息的即时传递与交互，消费者在网上还可以货比"三家"，实现性价比最优。同时，网上支付出现并逐渐成熟，在身份认证和数据加密的基础上，商品和服务的买卖不再必须通过现金交易，而转变成以数字化方式进行资金流转。在信息流和资金流实现后，繁荣的市场又驱动了物流的快速流转，三者的结合开启了消费互联阶段。

随着互联网消费经济的发展与深入，互联网企业还塑造了消费文化，每年的"双11"和"6·18"都成为消费者的狂欢节，网络消费渗透到人们的日常生活中。

消费互联经过两个阶段：第一个阶段是前期的电子商务阶段，第二个阶段是共享经济阶段。共享经济是移动互联网下的产物，也是消费互联的高级阶段。它需要具备两个因素：第一，供需双方实现移动化，尤其是服务提供者要接入移动互联网，打开共享经济的前端供给；第二，支付实现移动化，移动支付随着移动互联网的普及而普及，支付的全面应用成为保证共享经济平台便利性的最重要条件。例如：在出行方面，Uber（优步）打破了传统由出租车或租赁公司控制的租车领域，通过移动应用，将车辆的供给端迅速放大；在住宿方面，Airbnb（爱彼迎）帮助用户通过互联网预订有空余房间的住宅（民宿）。

共享经济使供应方和需求方实现了最迅速的对接，它是一个去中介化和再中介化的过程。从去中介化角度来看，共享经济的出现，打破了劳动者对商业组织的依附，供应方可以直接向最终用户提供服务和产品。从再中介化角度来看，个体服务者虽然脱离了商业组织，但为了更广泛地接触需求方，他们会接入基于互联网构建的共享经济平台。

如今，共享经济已渗透到住宿、交通、旅游等诸多行业中。新型商业模式迅速改变了旧模式，这个过程非常快，比工业时代机器代替人的过程快得多。虽然互联网不断发展，但是今天的消费互联依然处于起步阶段，今后会有更大的发展，新的商业服务模式会不断产生，我们今天无法预测互联网明天会给我们带来什么。

3. 生产互联

在消费互联充分发展的基础上，人类将迎来生产互联的新阶段，这将带来产业形态的大革命。人们的就业和职业发展将产生深刻变化，生活方式、工作方式与今天会有很大的不同。

农业社会时期，生产力的主导力量是工匠，能工巧匠有着很高的社会地位，主导着制造业的发展。从农业社会进入工业社会，标准化生产取代了手工业生产，工业标准摧毁了工匠的手艺。今天，我们常说一流的企业定标准，二流的企业搞技术，三流的企业做产品，就是上述情况的体现。到了信息社会，逐渐淘汰的是工业生产标准，制造业将进入大规模私人订制时代。

从消费互联到生产互联将是一个自然升级的过程。某件产品卖得快，信息传到生产厂家，厂家会加紧生产该产品以快速满足市场需求；某种商品卖不出去，厂家自然会减少生产。人们也许感觉不到这种革命性变化，但它确实正在发生。如果不出意外，农业生产的互联会先于工业生产的互联，因为人们对生命健康的关心要远高于对享受周围物质用品的关心。

随着对消费链条影响的深化，互联网企业相互较劲，抢占线下市场。因为信息互联、消费互联到一定的阶段后，仅在线上摩拳擦掌无法抵御市场被稀释的现实。因此，互联网企业走向传统企业，通过收购等手段联结传统企业。

在信息社会的生产互联阶段，农业生产互联的优势体现在两个方面。一方面是通过农业物联网、云计算、人工智能等技术对农业生产模式进行改造升级，创新和变革传统农业生产。信息技术与农业生产技术深度融合，形成先进的智慧农业生产新模式，全面提高农产品的安全与品质保障，实现农业产值和利润的提升。农业生产将扩大服务范围，提高服务质量，形成新的农业形态。另一方面，消费者可以根据自身家庭营养的需要，制定第二天或下个星期的食谱，通过互联网大平台链接到农场和副食品店，物流公司依据消费者网上订单进行派送，因此订单农业生产将不期而至。

在自动化生产迅猛发展的基础上，智能化生产阶段会慢慢到来，并进入工业生产的互联网阶段。生产制造业与互联网深度融合将是互联网发展的必然，这代表了全球产业变革的方向，利用先进制造工具和网络信息技术对生产流程进行智能化改造，实现数据的跨系统流动、采集、分析与优化，完成设备性能感知、过程优化、智能管理，形成智能化生产方式。这也是制造业转型升级的一次重大的历史性机遇，融合或催生出新技术、新产品、新业态、新模式，融合或构建制造业的新竞争优势，形成企业的新竞争能力。深化制造业与互联网融合发展是推进供给侧结构性改革的现实选择。互联网时代下的工业制造将更容易实现精准化生产和定制化服务。

　　然而，谁来主导制造业生产互联？是靠生产制造起步的传统企业，还是靠互联网起步的互联网企业？此前，有一份报告认为，以实带虚会更有力量。报告进一步解释"中国的互联网发展，未来将是以生产为导向，其真正的主导者将是传统产业的生产者，未来产业互联网是以实为主导的实虚融合"。这也仅是一家之言，要知道，互联网已经颠覆了好多传统行业。技术在不断发展，至于谁主导生产互联，现在很难有定论。

　　"互联网＋"与工业4.0的根本要义，正是在产品从设计到销售服务的过程中，充分融入互联网基因，收集用户大数据，分析用户个性特点，以用户的需求来推动商品的每一个生产销售过程，实现以需求侧为主导的经营模式，并实现生产经营的有的放矢。传统制造业在经历了长期的行业紧缩之后，众多巨头开始将注意力转向"互联网＋"与"个性化"产品开发上面。

　　这会产生这样的场景：一个用户提出个性需求，企业通过对多个这类需求数据的收集，找出产品方案，然后企业通过交互平台，驱动全流程实现大规模定制，全资源方参与共建产品。最终产品在用户参与下实现了新的个性化迭代。在互联网信息的汇集下，企业根据累积的个性化需求，进行规模化经营，实现了长尾效应。

　　从互联网时代过渡到移动互联网时代，对供给侧和需求侧的引导尤为重要。在合适的引导下，将迎来大规模定制时代。企业的灵活生产、按需定制成为一种可能。互联网及其以前的技术给我们提供了正向整合生产要素和技术发展的无限空间，而移动互联网正在创造并逆向聚合生产要素，这会给我们带来一个全然不同的新世界：由过去的"企业对消费者"模式变为根据消费者需求定制、生产、配送和维护产品的全新模式。

当前，互联网和制造业的深度融合发展正在不断地催生工业的变革，研发模式、制造模式以及消费者模式都出现了与以往不同的特征，在消费端以生产者为中心的同质化消费、标准化设计和规模化生产正在向以消费者为中心的个性化消费转变。

4. 智慧互联

智慧互联能帮助人类实现对知识和精神生活的追求，提供文化和艺术鉴赏、知识交流、情感沟通的途径。在智慧互联阶段，人类的文化生活、精神需求、对知识的渴望、学习的方式都会发生改变，这是一个文化和艺术大繁荣的时代。在智慧互联阶段，人类的生活和生产方式与今天会有很大的不同：文学将进入无经典的时代，艺术将成为雅俗共赏的时代，教育将变为互为师生的时代，学术将迎来开放存取的时代……

仅以教育为例。互联网是开放的，教育也必然要开放，互联网可以促进教育公平，提高教育质量，降低教育成本。历史上每一次重大的技术发明总会引来对教育大变革的讨论，同时也会带来教育形态的变化。技术发展曾经带来教学工具、学习工具、考试评价工具的改变，也曾经带来课堂形态、结构的改变。

一直以来，教育包含教育者、受教育者、教育物资、教育内容四大要素。在互联网不断发展中，教育内容不断增加，新知识不断涌现；教育物资已经发生了很大变化，从字典到图书馆再到互联网，今天的百度和谷歌在知识查询方面正在发挥很大作用；受教育者的学习方式和学习途径已经发生了很大变化，教师可能认为书本学习效率高，但今天的学生是与网络共生的一代，他们从小就习惯面对屏幕学习，他们认为屏幕学习效率高；教育者也将发生根本性变化，教育资源网络大平台会成为新的教育者。困扰人们几千年的教育成本问题即将解决，在网络平台上可以找到适合个人学习的高质量课件、优秀老师，师生比例将大幅度提高，教学效率也会大大提高，教育成本会大幅度下降。

教育形态要随着社会形态的变化而变化，以适应和服务经济和社会发展。在农业社会，所有的教育要素是集中在教师个人身上的，知识是被垄断的，典型的形态是私塾，教育规模小、无标准，但可以个性化教学。到了工业社会，为了适应工业化的大规模生产，教育形态发生了改变，教育具备一定的规模，教学实现标准化，但缺乏个性化，工业社会中大部分知识垄断在学校那里。今天的学校、班级、教室、校园等呈现的是工业时代的教育形态。而在信息社会，所有的教育资源都集中在网络大平台上，没有人能够垄断知识，平台上有很好的教师、很好的课程，人们能针对自己的愿望和需要选择教师和课程，进行真正的个性化学习。

互联网是传播人类优秀文化、弘扬正能量的重要载体。互联网架设了文化国际交流桥梁，推动了世界优秀文化交流互鉴，推动了各国人民情感交流、心灵沟通。我们要发挥互联网传播平台的优势，让各国人民了解中华优秀文化，让中国人民了解各国优秀文化，共同促进文化繁荣发展，丰富人们精神世界，促进人类文明进步。

5. 生命互联

健康长寿是人类科技发展的终极课题。尽管人类的生活质量在不断提升，医疗技术也常有突破性进展，但生老病死仍是现阶段自然人生命的本质特征。人们往往生了病才去医院，退休了才关心身体。随着健康信息管理的手段不断丰富，传统以疾病为中心的医疗模式将逐渐被以健康为中心、以人为中心的生命管理模式替代。两千年前《黄帝内经》里描述的圣人治未病将成为普遍现实。

　　未来，高频次的身体状况监测将取代如今的一年一次体检，通过对睡眠、运动、洗漱、进食、排泄等生理指标的全天候监测，每个人都会在云端形成自己的生命指标大数据，以便自己进行健康评估和健康干预。将来，每刷一次牙，就能完成一次指标检测，牙刷会自动向云端传送数据。呵护于如此全方位的健康体系，人们可以在更深的层次上去理解生命、疾病、健康，利用大数据去真正管理自己的生命质量。

　　不仅如此，随着仿生技术、机器人技术、人工智能技术、信息转移技术和人格信息技术的发展，发明仿生人等并非没有可能。有科学家预测：未来"仿生升级"的智能机器人，有望具有自然人体的外观形体、肌体特性、性别功能和自主意识。人类的人生观和生命观可能会产生颠覆性改变。

　　总之，互联网对人类的影响是巨大的。互联网是人类智慧的延伸，它的快速发展正在深刻地改变着社会结构、社会关系，数字化生存、网络化生活将成为常态。

大数据正在重塑我们这个世界

　　世界的一切关系都能用数据来表征。早在古希腊时期哲学家毕达哥拉斯就提出了"数是万物的本原"的思想。如今，大数据技术正在重塑我们这个世界，拥抱大数据已成为席卷全球的大行动。美国的《大数据研究和发展计划》，欧盟的《数据价值链战略计划》，英国的《英国数据能力发展战略规划》以及日本的《创建最尖端 IT 国家宣言》等都将大数据研究和生产计划提高到国家战略层面。我国也发布了《促进大数据发展行动纲要》，并于 2023 年 10 月 25 日正式挂牌成立国家数据局，这显示出我们决战大数据时代的信心和决心。

概括来讲，大数据有以下四个特点。

（1）数据体量巨大。可以称之为海量或天量。

（2）数据类型繁多。涉及人类生活方方面面产生的数据。

（3）处理速度快。瞬间可从各类数据中快速获得高价值的信息。

（4）数据动态变化。

新数据还在不断增加，采用合理的数据模型和分析处理方法，大数据将会带来很高的经济和社会效益。

个体数据或简单的数据集合变为大数据，让数据实现了价值质的飞跃，最典型体现就是数据成为资产。

大数据与云计算密不可分。大数据技术的战略意义不在于掌握庞大的数据信息，而在于掌握对这些含有意义的数据进行专业化处理的技术。大数据需要结合新的处理模式才能产生具有更强的决策力、流程优化能力等的多样化信息资产，即通过对海量数据的加工，快速获得有价值的信息，为管理决策和生产生活服务。

大数据已成为国家竞争力的一部分。在国家治理层面，大数据可以实现科学决策，推动政府管理理念和社会治理模式进步，逐步实现政府治理能力现代化；在经济发展层面，大数据可以深刻影响社会分工协作的组织模式，促进生产组织方式的集约和创新。

另外，大数据在国家安全层面也将发挥巨大作用。在外交、国防、军事和反恐等方面，发掘和释放数据资源的潜在价值，能有效解决情报、监视和侦察系统不足等问题，可以更好地维护国家安全，有效提升国家竞争力，增强国家安全保障能力。当然，如果对大数据防范和保护不得力，也会被敌对势力利用，让大数据成为国家安全的潜在风险。

我国有庞大的人口和应用市场，复杂度高、变化多，使得我国成为世界上最复杂的大数据国家。大数据的应用和影响，不仅体现在国家和社会发展的宏观层面，也将体现在我们日常生活的诸多细微之处。

（1）**日常生活大数据**：无论衣食住行，还是理财购物，未来大数据技术都会给我们的日常消费带来莫大的便利和帮助。当我们的日常行为习惯以数据方式记录和积累后，大数据分析会告诉我们，穿什么样的衣物最合身，用什么交通工具最便捷，如何理财才能做到高回报低风险，怎样购物才能获得最佳性价比。借助大数据技术，营销机构能为特定消费者提供针对性服务，生产企业也能够针对特定消费者提供更多的定制化产品。

（2）**生命健康大数据**：人类体温、心率、血压、血相等生理数据是一类非常值得分析的大数据。随着"可穿戴设备"技术的不断发展，将来会有越来越丰富的健康监测终端来实时收集人体生理数据，并自动传入云端进行分析与处理。分析和处理结果会发给医生，医生将根据大数据的处理结果给出诊断或康复建议。利用大数据和医疗定量分析技术，未来越来越多的普通百姓可以接受远程健康监督、营养指导、慢性病管理以及康复治疗等服务。

（3）**智慧学习大数据**：当学习过程能够跟踪，知识体系可以解构，文化水平可以量化时，文化教育类大数据无疑会成为值得挖掘的金矿之一。丰富的学习终端，将会更多地融入文化资源云平台，根据每个人的兴趣爱好、知识结构和发展进程，大数据不仅可以及时提醒我们改进学习方法，推送我们需要的知识，还可以提供适宜的文化资源。借助大数据，我们不仅能享受量体裁衣的终身学习，还能享受丰富多彩的精神生活。

拥抱大数据，共赢新时代。"个人智库""随身智库"终将梦想成真，信息技术的发展会给我们带来更美好的未来。

互联网开启人类文化发展新航程

20世纪80年代，尼龙大唱片曾经是年销售240亿美元的大行业，随着录音带、CD、DVD等技术的发明，尼龙大唱片逐渐衰落，如今不仅大唱片在商场中完全消失了，而且录音带、CD等也没了踪影，但有些技术将会长期影响和改变人类的生活方式并不断升级。互联网对人类文明的影响，远比电影、唱片、电视、印刷等技术要大。

互联网将逐渐成为人类信息交流和知识获取的主渠道，出版行业将因此向新业态转型。网络信息技术的发展会使教育资源开放共享，个性化学习成为必然。互联网同样深刻地影响着学术交流，使学术回归本来用途。这些内容前文都介绍过，所以这里不再重复。

互联网不但影响国家的政治和经济，而且对文化与价值观念甚至语言的演变具有巨大影响。互联网的发展正在推动文化的传播，甚至成为文化传播主渠道，这让语言的演变以前所未有的速度加快。不久前在网络小众间使用的词汇，没几天就成了大众的口头禅。互联网正在加速世界文化的融合，但同时也要预防一些别有用心的国家发起的文化战争，要严防低俗文化的侵蚀，尤其是对青少年的影响。总之，我国要抓住这个发展机会，以自信的姿态屹立于世界民族之林。

文化因交流而多彩，文明因借鉴而丰富。互联网是传播人类优秀文化、弘扬文明的重要载体。互联网架设了文化国际交流桥梁，推动世界优秀文化交流互鉴，推动各国人民情感交流、心灵沟通。要发挥互联网传播平台优势，让各国人民了解中华优秀文化，让中国人民了解各国优秀文化，各国文化共同繁荣发展，丰富人们的精神世界，促进人类文明进步。

本书的文稿主要是从我日常编写的短文中精选出来的，曾在微博、微信上发布，在这次正式出版前，我按照逻辑顺序对内容进行了编目归类。自 2012 年 3 月起，我坚持结合日常工作和社会关注的相关问题积累工作感悟，内容涉及互联网，特别是信息技术发展与教育信息化带来的教育变革；涉及教育，特别是高等教育管理；涉及科技，特别是科技管理和科技发展，其中又特别关注建设教育强国、建设科研环境和改革科技人才评估方法等方面。

感谢这个伟大的时代。写下这段文字的时候正好是我国互联网的生日，1994 年 4 月 20 日我国互联网全功能接入国际互联网。感谢领导和组织的信任，让我从澳大利亚留学回国后就有机会参与我们国家的互联网建设，从此与互联网建设和运行管理结缘。1994 年，在党和国家的领导下，在国家发改委（当时称国家计委）等相关部门的支持下，在教育部的组织下，清华、北大等高校科研工作者建设了中国全国性的计算机互联网——中国教育和科研计算机网（CERNET）。从无到有，从小到大，CERNET

的发展充满了艰难与坎坷，但也成就了一段光辉的历史！这张网，让一批又一批人走进了互联网，培育了中国最早的互联网用户；这张网，让互联网科研人员有了用武之地，培育了中国第一批研究者、建设者、使用者。依托这张网，我们攻克了众多互联网关键技术和管理难题，打破了西方国家对中国互联网技术的垄断，创造了中国互联网历史上的众多第一！

作为 CERNET 建设和发展的亲历者，我在工作中学习、思考，并不断将体会和感悟写成文字。经过两年多的认真编目、整理、归类，才形成呈现给大家的这本书。本书可供互联网界人士、高等教育界同行，特别是教育信息化和科技管理同行参考。特别感谢陈滨跃女士和李宝进先生对本书内容的归类、编排和校改，感谢赵亚晨先生积极参与后期的文字校改，感谢陈志文先生提出的很多很好的建议，感谢为公众号"子民好好说"和"中国科技论文在线"《主编讲堂》栏目担任责任编辑的张一飞、马征、杨硕、罗文斌、赵艳玲、景然、刘楠、邵鹤楠、段桃、傅宇凡、游丹和薛娇等同事，感谢他们设计的精美图片、提供的相关文字资料等，还要感谢付晓东先生为本书出版做的工作。

这本书得以出版，十分感谢机械工业出版社杨福川和孙海亮老师，以及图书从立项到排版、校勘、设计、印刷制作等整个流程中辛苦付出的编辑们。